Schmiedekunst und Glockenguss
Eine Zeitreise durch 300 Jahre Metallhandwerk

edition·epilog·de

SCHMIEDEKUNST und GLOCKENGUSS

Eine Zeitreise durch 300 Jahre Metallhandwerk

Zeitreisen zur Kultur + Technik
Herausgegeben von Ronald Hoppe
edition·epilog.de

Bibliografische Information der Deutschen Nationalbibliothek:
Die Deutsche Nationalbibliothek verzeichnet diese Publikation
in der Deutschen Nationalbibliografie; detaillierte bibliografische
Daten sind im Internet über http://dnb.dnb.de abrufbar

Für diese Ausgabe wurden die Originaltexte in die aktuelle
Rechtschreibung umgesetzt und behutsam redigiert.

Titelbild: Lawr Kusmitsch Plachow

Ausgewählt, redigiert und gestaltet von Ronald Hoppe
Herstellung und Verlag: BoD – Books on Demand, Norderstedt

ISBN: 978-3-7543-8430-5

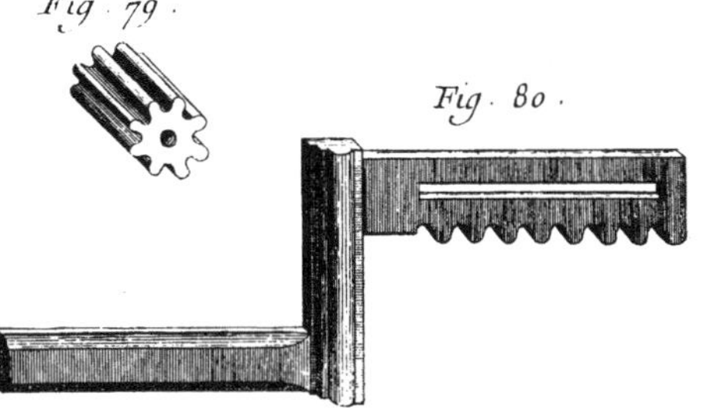

Fig. 73.

Fig. 75.

Fig. 77.

Fig. 78.

Fig. 79.

Fig. 80.

Fig. 81.

Inhalt

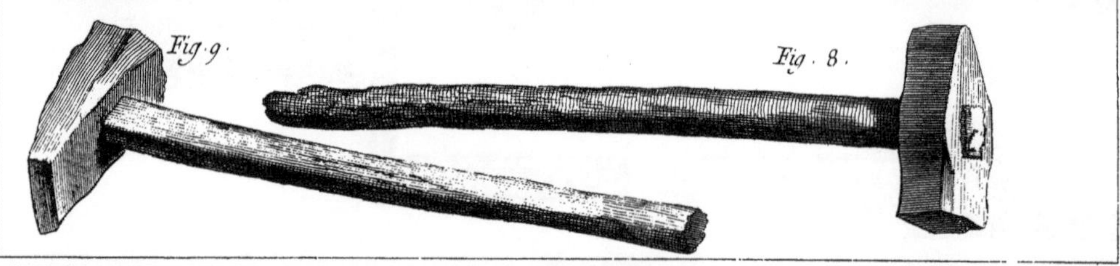

Schmied, *1)* allgemeiner Name verschiedener Handwerker, welche im Feuer glühend gemachtes Metall mit dem Hammer bearbeiten, als Grob-, Huf-, Waffen-, Kleinschmied (Schlosser), Kupfer-, Goldschmied; *2)* bes. solcher, welche grob in Eisen arbeiten; insbesondere *3)* (**Grobschmied**) welcher größere Eisenwaren verfertigt; sonst verfertigten sie auch Waffen (Waffenschmied), jetzt ist bes. ihr Geschäft das Beschlagen der Pferde (daher **Hufschmied**) u. der Wagen. Da ein Hufschmied auch Kenntnis von den Pferden haben soll, so ist er häufig zugleich Kurschmied od. Pferdearzt. Daher nennen sich die S-e auch Huf- u. Waffenschmied; bei der Kavallerie hat jede Eskadron einen Fahnen- od. Kurschmied. An manchen Orten bilden die Nagelschmiede, welche sich in Schwarz- u. Weißnagelschmiede teilen, von denen erstere nur große, meist zum Schiffbau nötige Nägel fertigen, eine Zunft mit den Grobschmieden. Der S. verfertigt od. verstählt auch eiserne Werkzeuge, wie Äxte, Pflugscharen, Pflugmesser u. dgl., welche oft roh aus den Eisenhammerwerken kommen. Letztere verfertigen dort die Sensenschmiede (am

Seite 6:
- *1. Schmiedefeuer.*
- *2. Blasebalg.*
- *3. Kohleeimer.*
- *4. Regal zum Aufbewahren von Werkzeugen.*
- *5. Schwingen.*
- *6. Halterung für große Schmiedestücke.*
- *7. Schwingknüppel.*
- *8. Vierkanthammer.*
- *9. Klauenhammer.*

Der Schmidt.

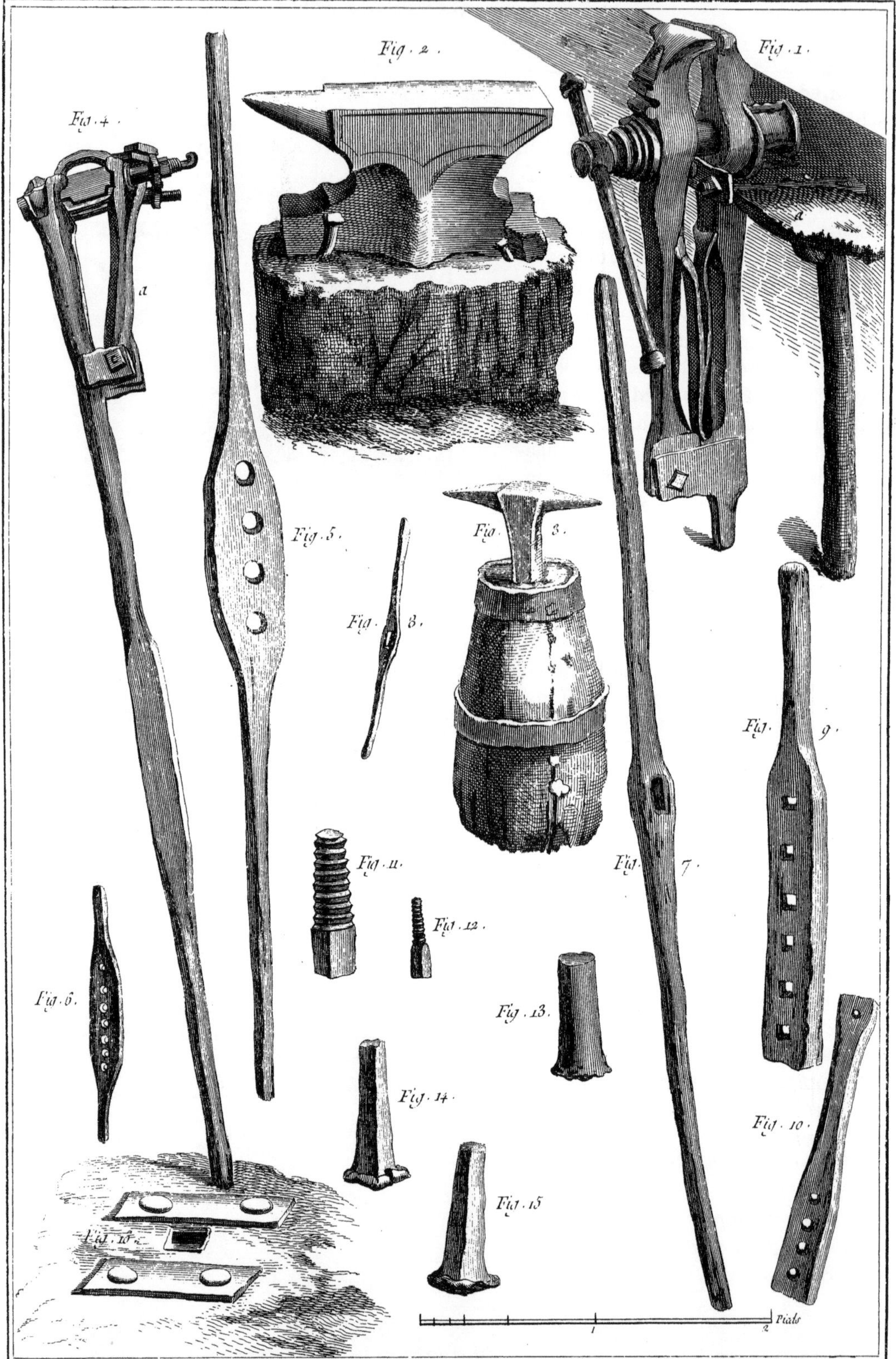

Schmiede
Fig. 1.
Fig. 2.
Fig. 4.
Fig. 5.
Fig. 8.
Fig. 3.
Fig. 9.
Fig. 11.
Fig. 12.
Fig. 7.
Fig. 6.
Fig. 13.
Fig. 14.
Fig. 15.
Fig. 16.
Fig. 10.
a
Piats

Harz Blankschmiede genannt); mit der Fabrikation des Blechs beschäftigen sich Blechschmiede; Sie, welche in Seehäfen das Eisen für größere Seeschiffe bearbeiten, heißen Ankerschmiede. Die Schmiedearbeit wird aus Schmiedeeisen (Stabeisen, Stangeneisen) u. Stahl gefertigt, welches der S. rot- od. weißglühend auf dem Amboss mit dem Schmiedehammer bearbeitet *(vgl. Schmieden)* u. ihm so die verlangte Form gibt. Schneidwerkzeuge werden verstählt, gehärtet u. angelassen. Feinere u. künstlichere Arbeiten aus Eisen fertigt gewöhnlich der Schlosser, doch spricht man bisweilen wohl auch von einer Schmiedekunst. Die S-e arbeiten in großen, immer Parterre gelegenen Schmiedewerkstätten, mit Schmiedeessen u. Schmiedeblasebalg od. einem Ventilator, am Schmiedeamboss u. dem Schmiedeherd, auf welchem das Schmiedefeuer brennt; sie sind ein geschenktes Handwerk u. müssen als Meisterstück ein Pferd beschlagen (ohne Maß zu nehmen), einen Reif u. Ringe um ein Rad legen u. eine

Seite 8:
- *1. Schraubstock.*
- *2. – 3. Amboss.*
- *4. Spindelstock*
- *5. – 6. Falzwerkzeuge.*
- *7. – 8. Windeisen.*
- *9. – 10. Nagler zum Formen von Nagelköpfen.*
- *11. – 12. Gewindebohrer.*
- *13. Rundfutter.*
- *14. Spannfutter zur Herstellung eines Hammers.*
- *15. Vierkantfutter.*
- *16. Loch im Boden, wo man den Spindelstock bis etwa zu ihrer Mitte einführt.*

Art fertigen. Im Altertum gehörte der S. zu den Metallarbeitern überhaupt, erst später gab es eigene Eisenschmiede; in Rom gehörten sie zu der Klasse der Fabri. *4)* Bei größeren Schmiedearbeiten der Arbeiter, welcher das Eisen auf dem Amboss regiert u. wendet u. mit seinem kleinen Hammer nur nachhilft, während seine Gehilfen (Zuschläger) mit zweihändigen Hämmern im Takte draufschlagen. ❑

PIERER'S UNIVERSAL-LEXIKON • 1857

Schmieden, *1)* im Allgemeinen Formänderung eines Metalles durch Hammerschläge, u. zwar *2)* bes. wenn das Metall im glühenden Zustande mit dem Hammer bearbeitet wird. Der Hammer wirkt durch Schlag auf einer Fläche von nicht zu großer Ausdehnung, u. zwar zusammendrückend in Richtung des Schlages, dehnend u. streckend in anderen Richtungen. Durch die Zahl u. Richtung der Hammerschläge hat der Schmied es in seiner Gewalt die Form des Arbeitsstückes nach Belieben zu ändern, da sich die Teile des glühenden Metalles leicht aneinander verschieben lassen; nicht minder wichtig als die Gestalt des Hammers ist auch die Gestalt der Unterlage (Amboss) für das Arbeitsstück. Besonders wichtig ist das Schmieden bei den Metallen, welche nicht bloß schmiedbar, sondern zugleich schweißbar sind, wie Schmiedeisen u. Stahl, weil dann durch das S. nicht bloß eine Änderung der Form, sondern auch eine Vereinigung einzelner Teile möglich ist. Durch das S. erzeugt man zunächst aus den Metallen Halbfabrikate, namentlich Stäbe u. Bleche. Beim S. der Eisenstäbe (Hammereisen) in den Eisenhämmern werden die großen u. schweren Hämmer meist durch Elementarkraft, Wasser- od. Dampfkraft, getrieben. Ebenso

Hufschmied

werden die Blechhämmer von Wasser od. Dampf getrieben, doch ist das so erzeugte (geschlagene) Blech nicht so gleichmäßig dick, als das gewalzte. In den Werkstätten der Metallarbeiter u. in den Maschinenwerkstätten dagegen stellt man durch S., hauptsächlich aus Schmiedeisen u. Stahl, sehr mannigfaltig gestaltete Arbeitsstücke her. Man bedient sich dabei der Handhämmer, für große Arbeitsstücke aber auch der Wasser- od. Dampfhämmer. Als Unterlage dient ein Amboss od. ein Sperrhorn. Das Eisen macht man in einem Holzkohlen-, Steinkohlen- od. Koksfeuer in der Schmiedeesse rotglühend, fürs Schweißen weißglühend. Die hauptsächlichsten beim S. vorkommenden Arbeiten sind: *a)* das Ausstrecken u. Formgeben mit dem Hammer, ein Dehnen u. Austreiben des Eisens durch Hammerschläge; *b)* das Stauchen, ein Zusammendrücken in der Längsrichtung; kurze Stücke legt man beim Stauchen auf den Amboss u. schlägt mit dem Hammer darauf, längere stößt man glühend gegen den Amboss od. gegen den Erdboden; *c)* das Ansetzen, zur Erzeugung eines vorspringenden Ansatzes durch Niederhämmern der umgebenden Teile; häufig bedient man sich dazu eines besonderen Setzhammers; *d)* das Biegen um das Horn am Amboss od. das Sperrhorn; *e)* das Abhauen od. Abschroten, die Entfernung einzelner Teile mit dem Schrotmeißel; *f)* das Lochen, das Heraushauen einzelner Teile mittelst eines Durchschlages; *g)* das Aufhauer, ein Aufspalten u. Auseinandertreiben mit dem Aufhauer, welcher dem Schrotmeißel ähnlich ist; *h)* die Kopfbildung bei Nieten od. Bolzen erfolgt auf dem Nageleisen; *i)* das S. über den Dorn, bei hohlen, röhren- od. ringförmigen Gegenständen; *k)* das S. in Gesenken. ❐

Der **Hufschmied** verfertigt, neben dem Pferdebeschlagen und Hufeisenmachen auch Beschläge an Wagen, Kutschen und deren Räder, Pflugscharen etc.

Die Schmiedehämmer, die mit einer Hand regiert werden, sind 3 – 8 Pfund schwer, die Zuschlags- und Vorschlaghämmer, zu deren Führung beide Hände erforderlich sind, erreichen oft das Gewicht von 12 – 20 Pfund. Als Unterlage für das zu Schmiedende dient der Amboss. Die angemessenste Hitze zum Schmieden des Eisens ist eine lebhafte Rotglühhitze. Das Erhitzen des Eisens geschieht in der Esse bei Holz- und Steinkohlenfeuer, welches durch einen doppelten Blasebalg angefacht wird.

Die wesentlichsten Arbeiten, die der Schmied zu verrichten hat, sind: *1)* Das Ausstrecken und Formgeben mit alleiniger Anwendung der Hämmer. *2)* Das Stauchen. *3)* Das Ansetzen. *4)* Das Biegen. *5)* Das Abhauen, Abschroten. *6)* Das Durchlochen. *7)* Die Bildung eines Kopfes an Nieten. *8)* Das Schmieden über dem Dorn. *9)* Das Schmieden in Gesenken. *10)* Das Schweißen.

Wir glauben, es werde unseren Lesern nicht uninteressant sein, wenn wir ihnen eine ausführliche Beschreibung des Schweißens geben.

Die Verbindung verschiedener Eisenstücke zu einem Ganzen und die Vereinigung zweier Enden eines nämlichen Stückes kommen beim Schweißen so oft vor, dass die Schweißbarkeit des Eisens nicht nur eine höchst willkommene, sondern gerade jene Eigenschaft ist, durch welche allein das Schmieden eine so ausgedehnte Anwendung erhält und die Verarbeitung des Schmiedeisens ihre ungemeine Wichtigkeit erlangt hat. Stahl mit Stahl und Eisen mit Stahl wird miteinander vereinigt. Um die Schwei-

Fig. 1
Fig 3
Fig. 2.

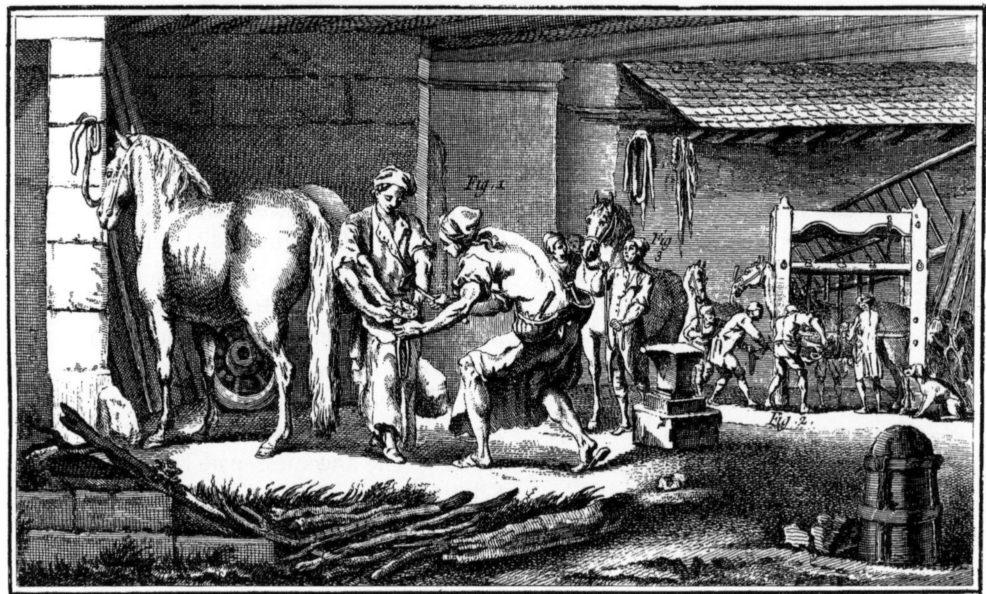

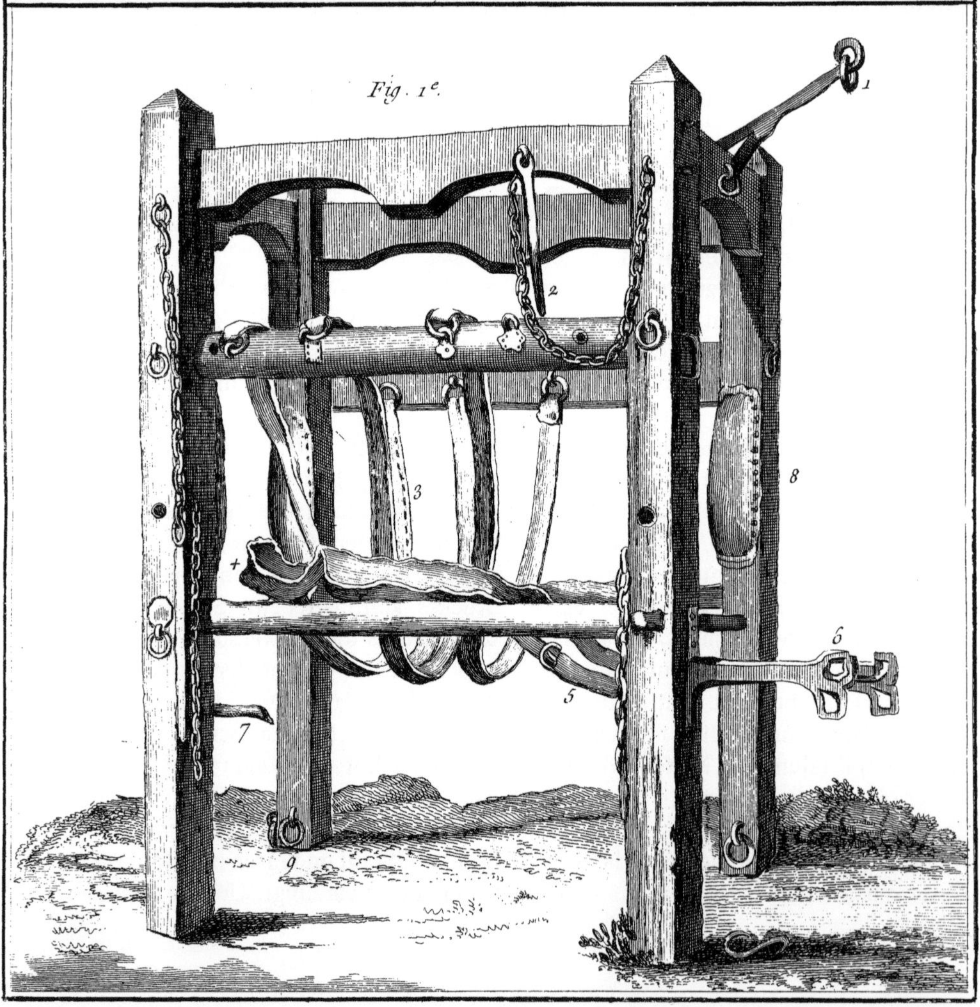
Fig. 1e.
1
2
3
4
5
6
7
8
9

ßung zu bewerkstelligen, bestreut man die ins Feuer gebrachten Arbeitsstücke mit Sand (Schweißsand) oder zerriebenem Lehm, der mit dem Glühspan der Eisenoberfläche zusammenschmilzt und eine geflossene Schlacke bildet, durch welche die Luft abgehalten wird. Bei Stahl, vorzüglich Gussstahl, wird statt des Schweißsandes zerstoßenes Glas oder geschmolzener und gepulverter Borax angewendet, weil Sand zu strengflüssig für die geringere Schweißhitze des Stahles ist. Den Teilen, welche zu vereinigen sind, gibt man eine solche Gestalt, dass sie sich auf einer nicht zu kleinen Fläche berühren, und zugleich die Hammerschläge bequem und wirksam in der erforderlichen Richtung angebracht werden können. Schon vor dem Erhitzen vereinigt man sie, wo möglich, so, dass sie zusammenhalten und – aus dem Feuer gezogen – ohne Zeitverlust gehämmert werden können. Nur beim Zusammenschweißen von Gussstahl mit Eisen ist es vorzuziehen, beide abgesondert (den Stahl wenig über das helle Rotglühen, das Eisen bis zum starken Weißglühen) zu erhitzen und dann erst zusammenlegen, weil man auf diese Weise besser imstande ist, jedem Teil die für ihn geeignete Hitze zu geben.

Folgende Andeutungen über einzelne Beispiele werden das Verfahren beim Schweißen näher erläutern.

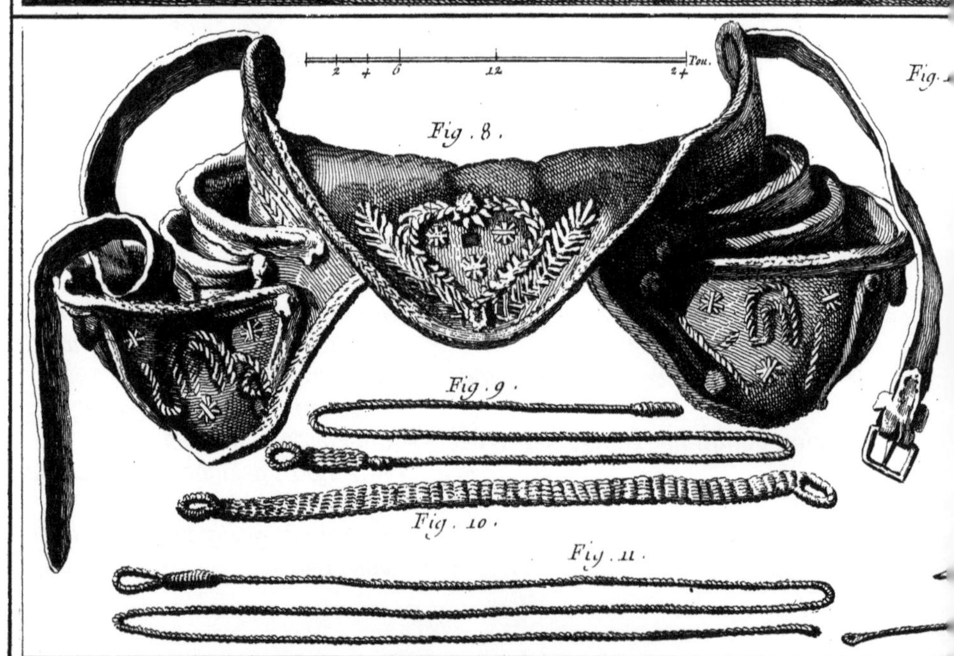

Tou.
2 4 6 12 2 4
Fig . 6 .
Fig . 8 .
Fig . 9 .
Fig . 10 .
Fig . 11 .

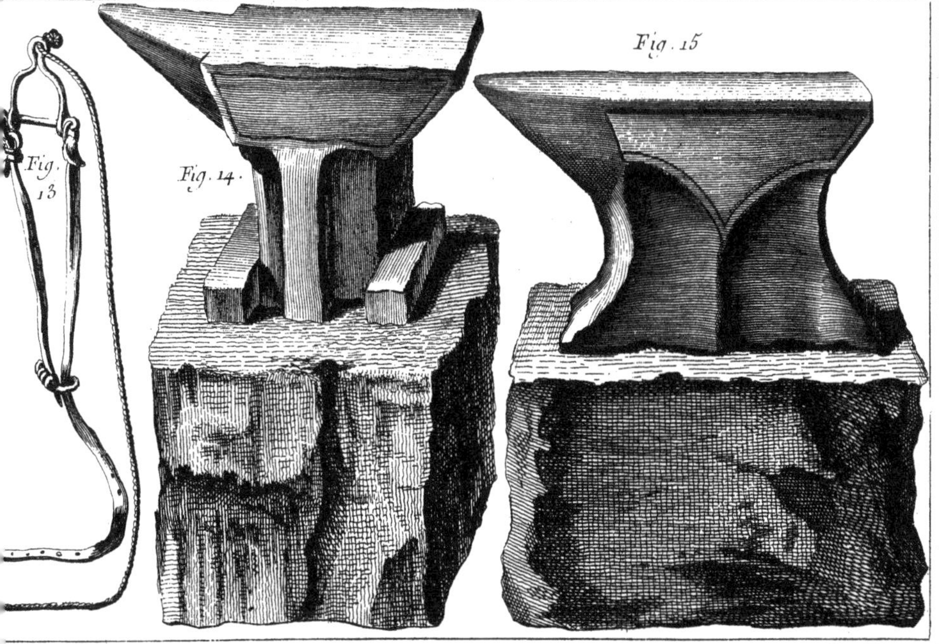

Fig. 7.
Fig. 13.
Fig. 14.
Fig. 15.

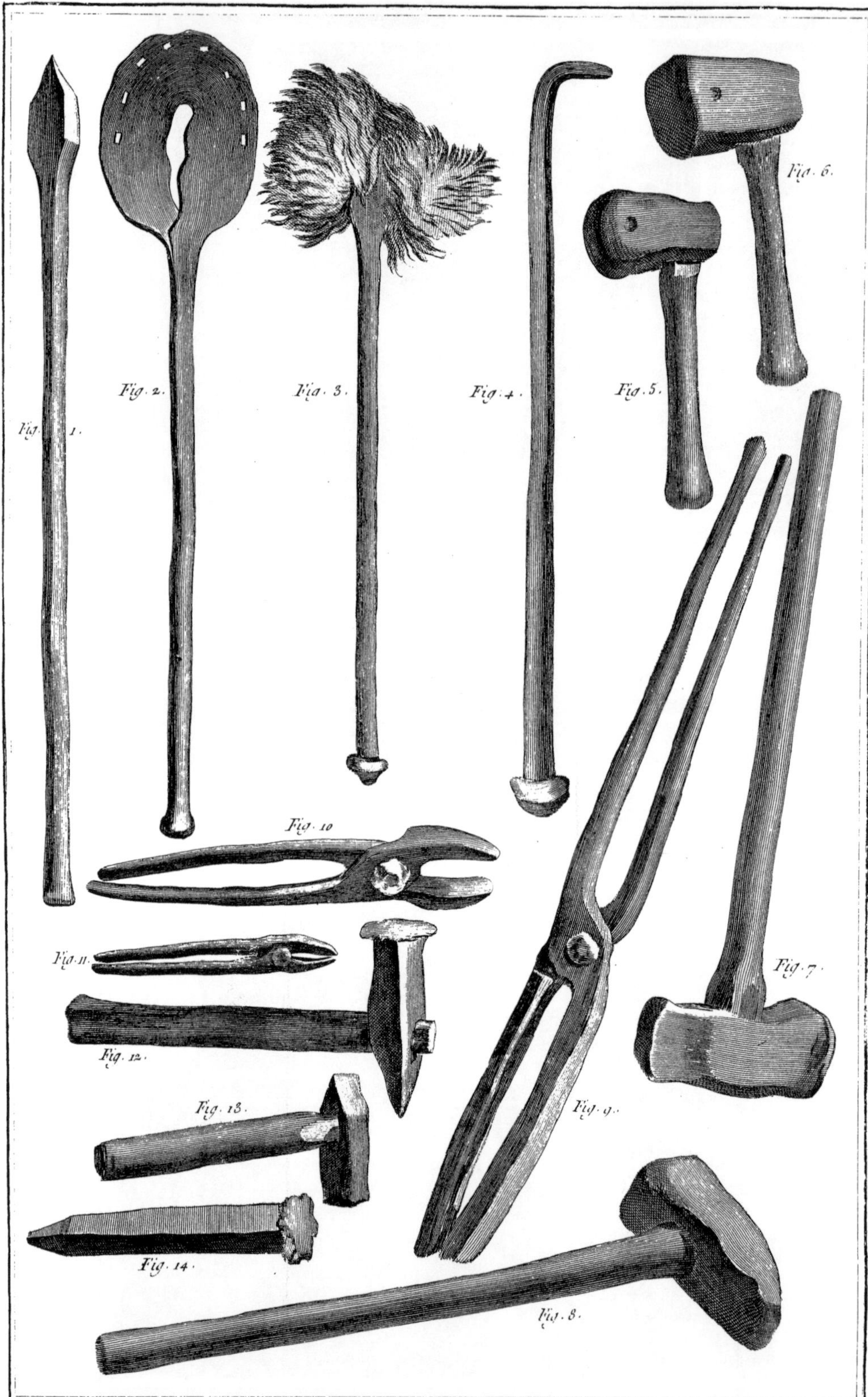

Um zwei Stäbe aneinander zu schweißen, legt man ihre Enden (entweder ohne Vorbereitung, oder nachdem man sie platt schaufelförmig geschmiedet hat, – absinnen) schweißwarm übereinander und schmiedet sie so lange aus, bis das Ganze an der Schweißstelle nur noch die Dicke eines einzelnen Stabes besitzt.

Einen Ring bildet man aus einem geraden Stab, den man an beiden Enden dünner ausstreckt und über dem Horn des Ambosses oder über einen Dorn zusammenbiegt, worauf die einander überragenden (aufeinanderliegenden) Enden schweißwarm zusammengehämmert werden. Man kann auch das eine Ende gabelartig aufbauen und das andere Ende zwischen die beiden Zacken legen.

Wenn der Schmied ein Pferd beschlagen will, so muss er zuerst das alte Hufeisen abbrechen und die Nägel sorgfältig aus dem Huf ziehen, dann nimmt er mit dem Wirkmesser das Überflüssige vom Huf weg, glättet den beschnittenen Huf mit der Raspel und schlägt dann das neue Hufeisen auf, wobei er sich in acht

zu nehmen hat, dass die Nägel nicht zu tief in den Huf hineingehen und das Pferd schädigen.

Um die Schmiede-Profession zu erlernen, braucht es sehr starke und gesunde junge Leute. Gesundheitszustand: Die Schmiede sterben frühzeitig.   ❐

Seiten 17 & 18:
Alte und neue Hufeisen.

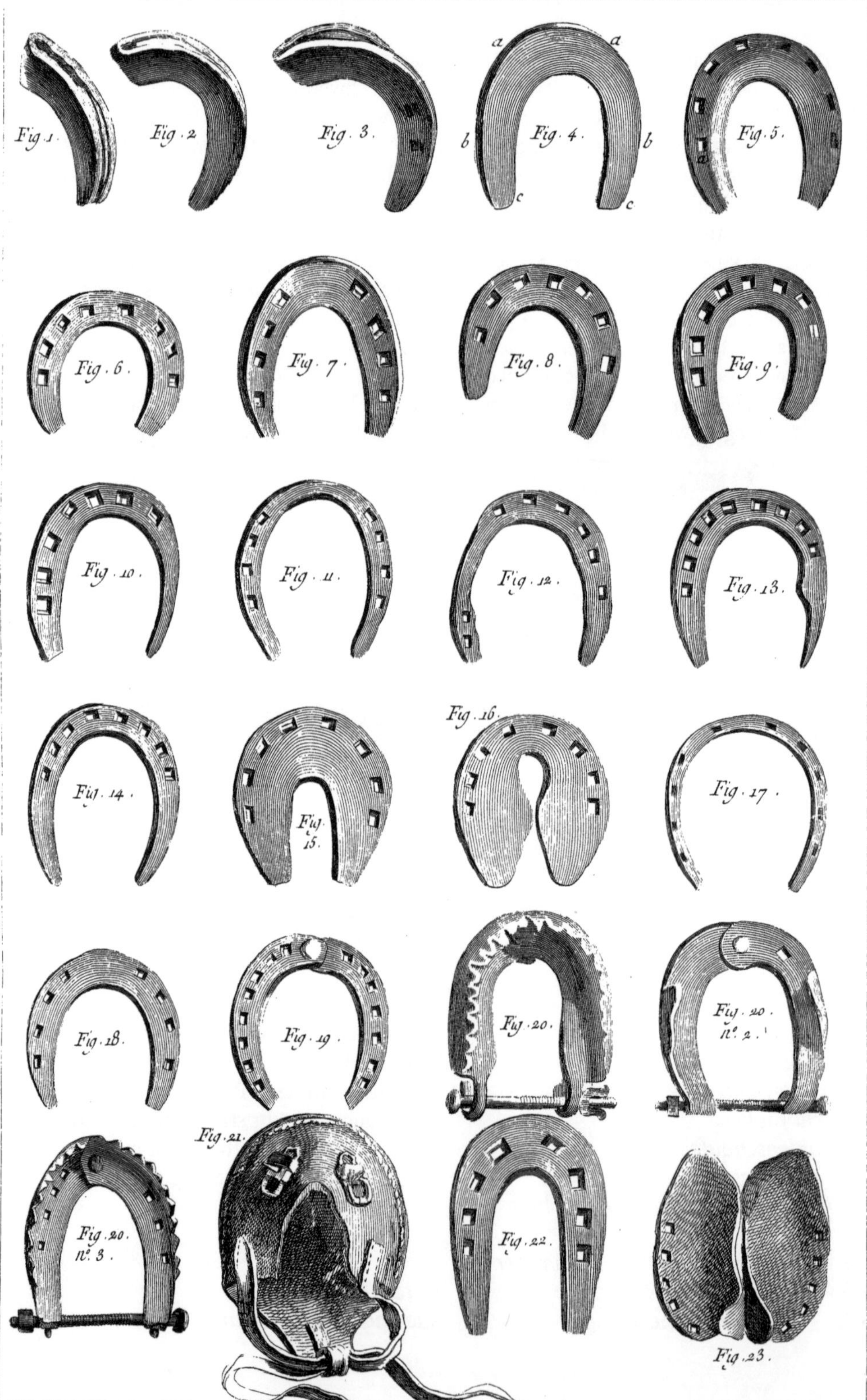

Fig. 1.
Fig. 2.
Fig. 3.
a   a
Fig. 4.
b   b
c   c
Fig. 5.
Fig. 6.
Fig. 7.
Fig. 8.
Fig. 9.
Fig. 10.
Fig. 11.
Fig. 12.
Fig. 13.
Fig. 14.
Fig. 15.
Fig. 16.
Fig. 17.
Fig. 18.
Fig. 19.
Fig. 20.
Fig. 20. n.º 2.
Fig. 20. n.º 3.
Fig. 21.
Fig. 22.
Fig. 23.

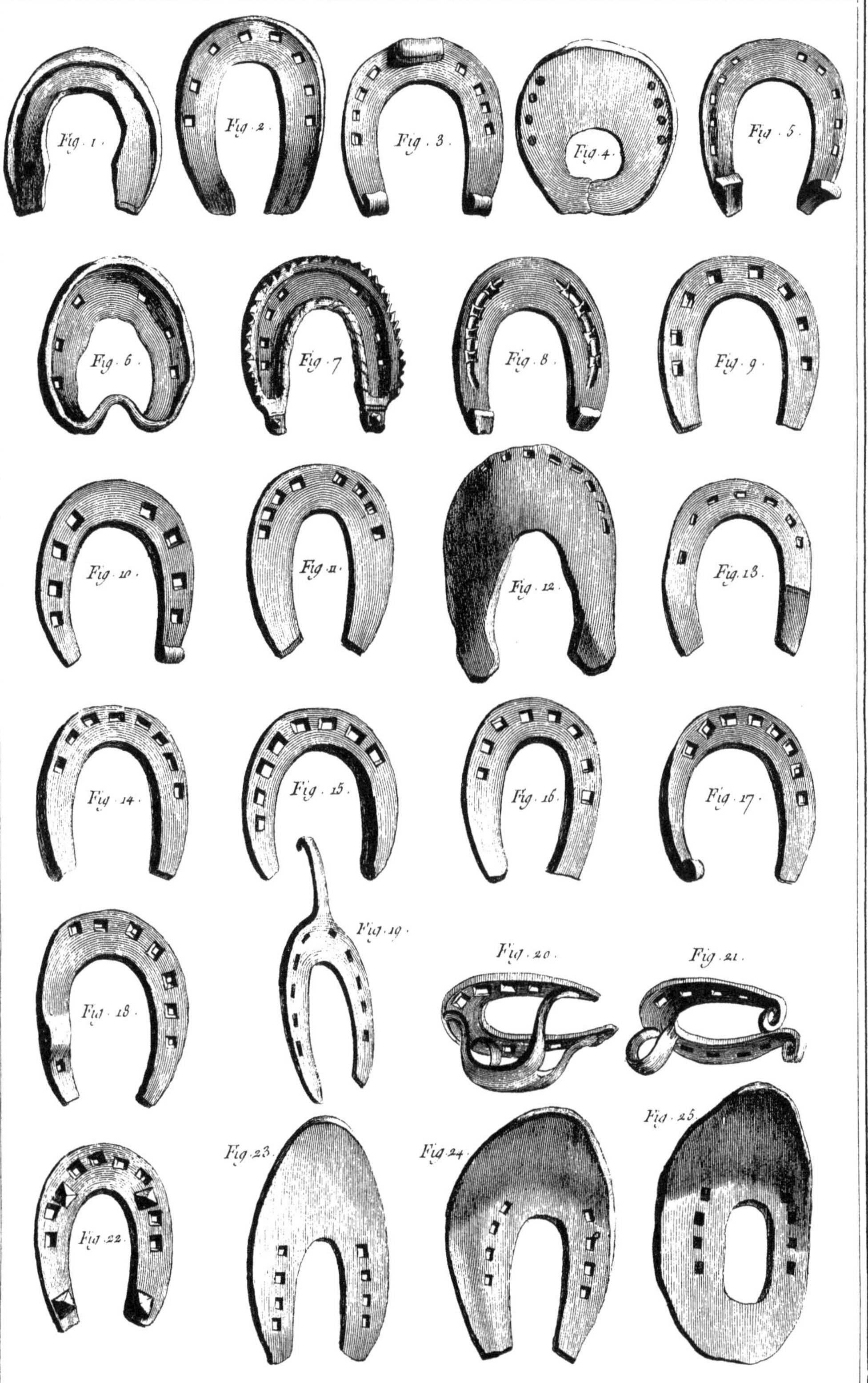

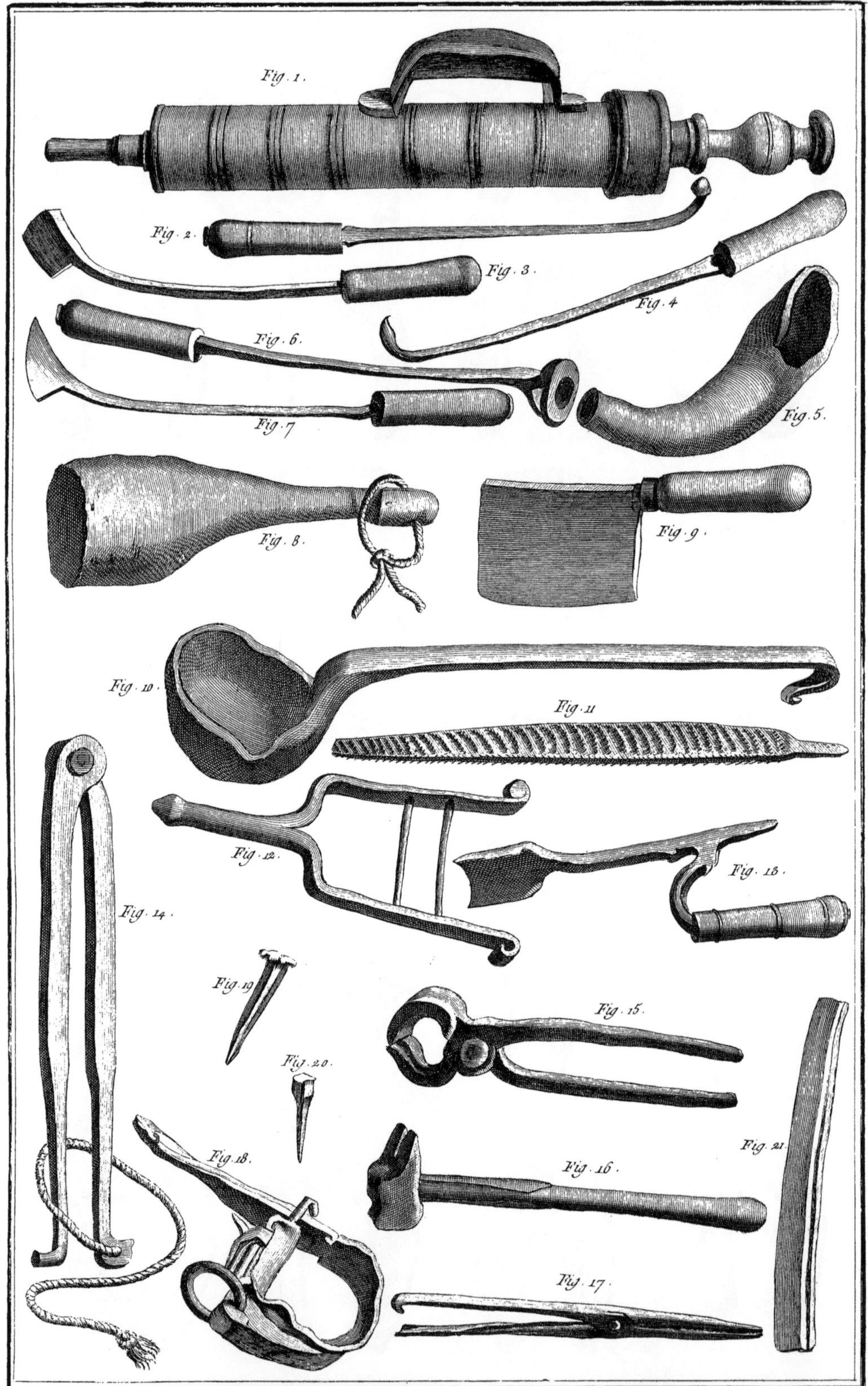

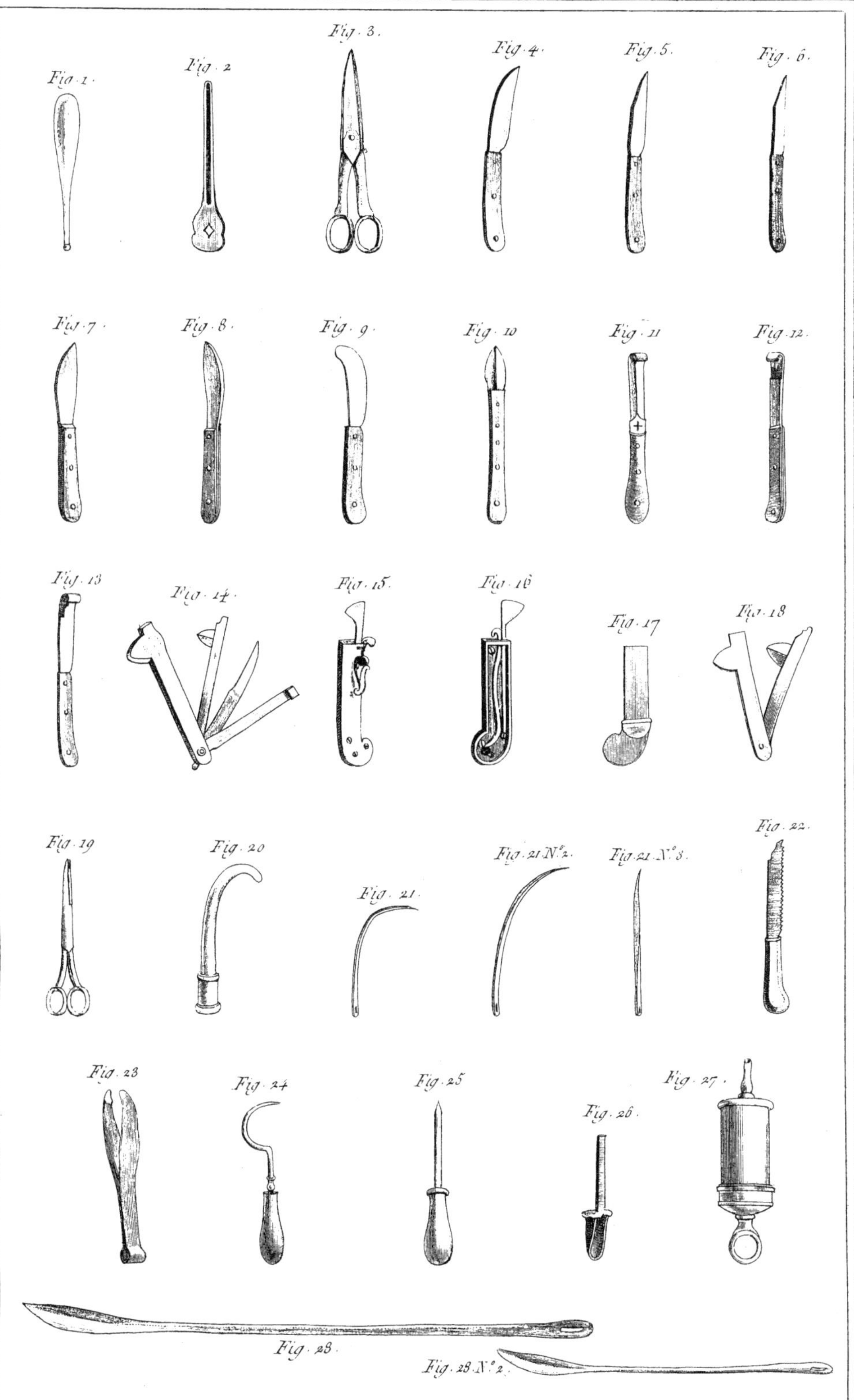

Fig. 1.
Fig. 2.
Fig. 3.
Fig. 4.
Fig. 5.
Fig. 6.
Fig. 7.
Fig. 8.
Fig. 9.
Fig. 10.
Fig. 11.
Fig. 12.
Fig. 13.
Fig. 14.
Fig. 15.
Fig. 16.
Fig. 17.
Fig. 18.
Fig. 19.
Fig. 20.
Fig. 21.
Fig. 21 N.° 2.
Fig. 21 N.° 3.
Fig. 22.
Fig. 23.
Fig. 24.
Fig. 25.
Fig. 26.
Fig. 27.
Fig. 28.
Fig. 28 N.° 2.

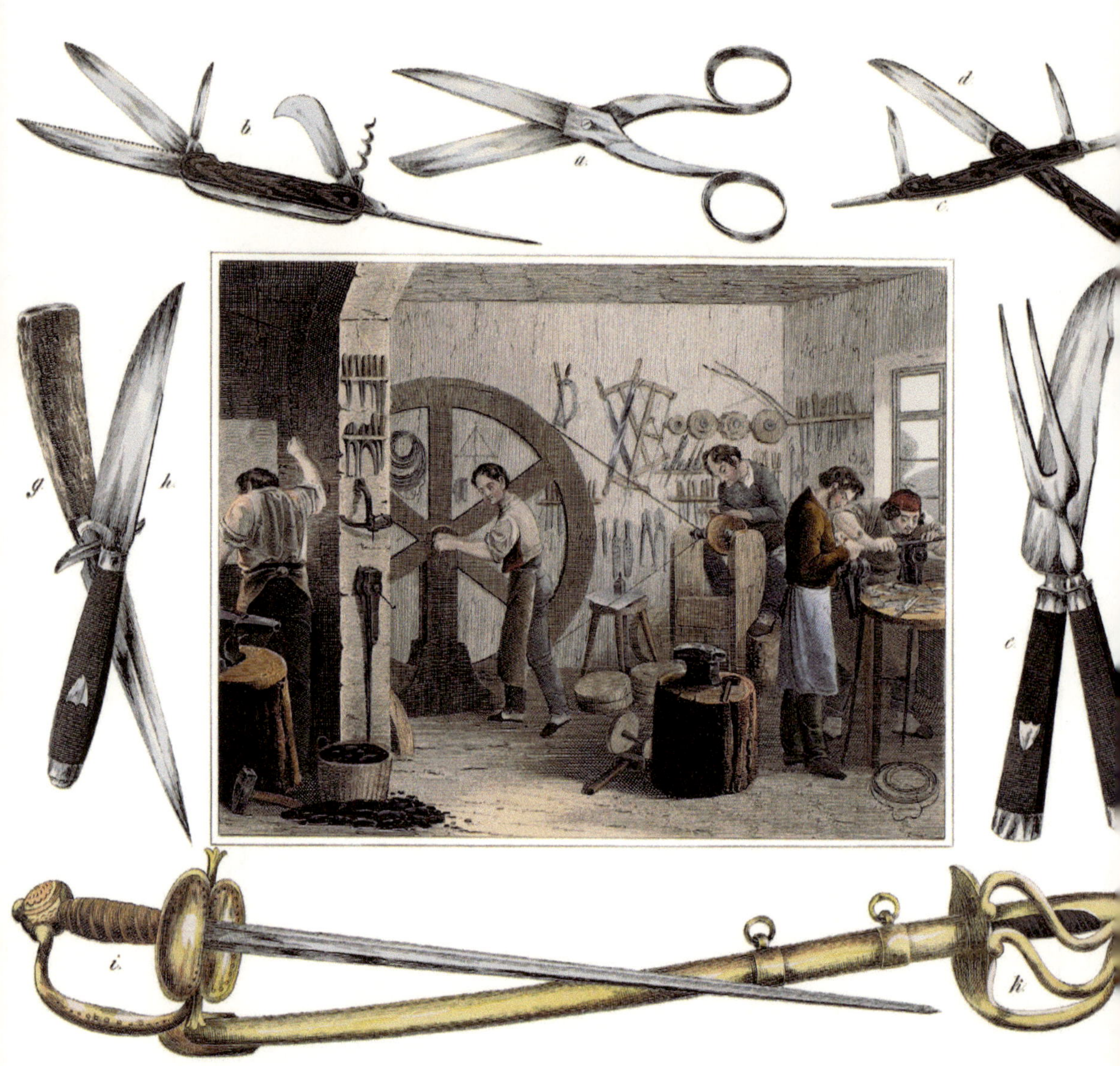

Messerschmied

Messerschmiede, zünftige Handwerker, welche 3 – 5 Jahre lernen u. 3 Jahre wandern, welche Messer- u. Gabelklingen u. zu den Einlegemessern die Federn u. Platinen, mittelst eines Gesenkes verfertigen. Wenn sie auf eigene Rechnung arbeiten, so bekommen sie die Schalen u. Hefte gewöhnlich von den Drechslern od. Schalenmachern. Auch wirken die Gürtler hierbei mit. Das Versehen der Messerklingen mit Schalen od. Heften (Beschalen) verrichten die Beschaler (Bankarbeiter); sie machen mit den Klingenschmieden die Innung der M. aus. Das Geschäft der M. en gros betrieben, heißt Messerfabriken, s. u. Messer. Gewöhnlich sind die M. zugleich auch Scherenschmiede u. verfertigen die verschiedenartigsten chirurgischen Instrumente, auch wohl Säbelklingen u. andere blanke Waffen. ❏

Seite 20:
Werkzeuge der Hufschmiede.
- *1. – 14. Verschiedene Instrumente für die medizinische Versorgung der Pferde.*
- *15. Zange zum Lösen des Hufeisens.*
- *16. Kleiner Hammer fürs Beschlagen der Pferde.*
- *17. Kleine Zange zum Säubern der Hufe.*
- *18. Lederring fürs Fixieren der Hufe.*
- *19. Kleine Ahle.*
- *20. Hufnagel.*
- *21. Messer zum Freilegen von Hufnägeln.*

Seite 21:
Die am häufigsten verwendeten chirurgischen Instrumente für Hufschmiede.

Der Messerschmidt.

Ich mach Par meſſer wol beſchalt/
Köſtlich vnd ſchlecht / darnach mans zal/
Von Helffenbeyn/Buchßbaū vñ Sandl/
Mit rot vnd ſchwartzem Holtz ohn wandl/
Mach darzu Langwehr / Dolch vñ Tegn/
Kan etzē/Schend machn/vñ Schwert fegē
Wer dieſer meiner arbeit darff/
Der find mein Zeichen grecht vnd ſcharff.

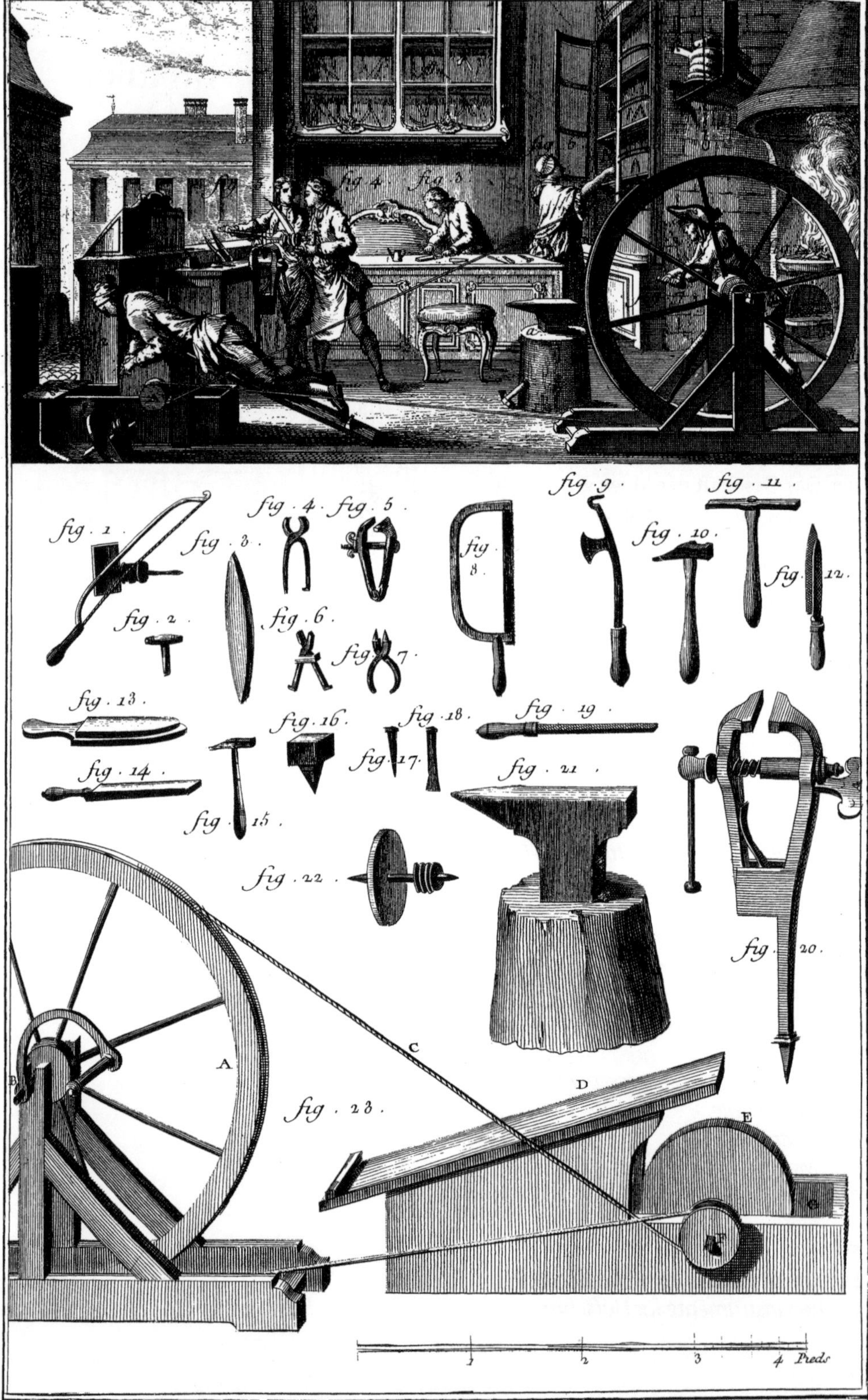

fig. 1.
fig. 2.
fig. 3.
fig. 4.
fig. 5.
fig. 6.
fig. 7.
fig. 8.
fig. 9.
fig. 10.
fig. 11.
fig. 12.
fig. 13.
fig. 14.
fig. 15.
fig. 16.
fig. 17.
fig. 18.
fig. 19.
fig. 20.
fig. 21.
fig. 22.
fig. 23.
A
B
C
D
E
1 2 3 4 Pieds

Seite 24 oben:
Das Geschäft eines Messerschmieds in Paris.
- *1. Schmiedefeuer.*
- *2. Arbeiter beim Polieren und Schleifen.*
- *3. Arbeiter beim Schärfen eines Rasiermessers.*
- *4. – 5. Bearbeiten eines Messerknaufs.*
- *6. Wegsortieren der fertigen Waren.*
- *7. Manuelles Antriebsrad.*
- *a. Amboss mit seinem Block und dem Hammer.*

Seite 24 unten:
- *1. Bohren Sie mit seinem Bogen und seiner Platte.*
- *2. Schraubendreher.*
- *3. Weicher Stein.*
- *4. Zange.*
- *5. Handschraubstock.*
- *6. Flachzange.*
- *7. Rundzange.*
- *8. Säge.*
- *9. Polierer.*
- *10. Schmiedehammer.*
- *11. Abrichthammer.*
- *12. Messerfeile.*
- *13. Stein zum Schärfen von Rasiermessern.*
- *14. Lederfeile.*
- *15. Bankhammer.*
- *16. Bankamboss.*
- *17. Markenzeichen.*
- *18. Meißel.*
- *19. Flache Feile.*
- *20. Großer Schraubstock.*
- *21. Amboss.*
- *22. Polierscheibe.*
- *23. Der Schleifstein mit seinem Zubehör: A. das Rad; B. die Kurbel; C. das Seil; D. das Brett; E. der Mühlstein; F. Riemenscheibe; G. der Trog.*

Messer sind uns beim Essen der meisten Speisen unentbehrlich; in den urältesten Zeiten hatte man steinerne Messer, oder vielmehr scharfe Steine und Muschelschalen. Die alten Gallier, Römer und Griechen hatten schon Messer, aber keine Tischmesser; denn damals setzte man alle Speisen klein geschnitten den Gästen vor, die sie nur mit den Fingern oder mit Löffeln zum Munde führten. Im 13., 14. und 15. Jahrhundert wurden die Tischmesser schon allgemeiner und man hatte auch schon, namentlich in England, Frankreich, Ungarn, Deutschland usw. mehrere Sorten von Messern erfunden. Die Tischgabeln sind erst am Ende des 15. Jahrhunderts, zuerst in Italien in Gebrauch gekommen. **Messerschmiede** machen die Werkzeuge in kleinerer Quantität, die Fabriken in größeren; die berühmtesten sind in England, und zwar in Sheffield. Das erste Rasiermesser machte man 1638, das erste Einschlagmesser (anfangs mit eisernen, hernach mit hornenen Schalen) 1650, die ersten Bestecke aus Gussstahl 1798. Deutschlands ausgezeichneten Messerfabriken sind in Solingen, (weltberühmt, wie die Damaszener) in Iserlohn, Remscheid, Schmalkalden, Tuttlingen, Heilbronn, Wien, Ruhla, Dresden usw. Die nach und nach vorgenommenen Verbesserungen mit den Säbel-, Degen- und Messerklingen gingen auch zum Teil auf Gabeln und Scheren über. Dahin gehört die Verbesserung des Stahls selbst, woraus jene Werkzeuge verfertigt werden, die Vervollkommnung des Schmiedens, Härten, Anlassens, Schleifens, Wetzens und Polieren. ❐

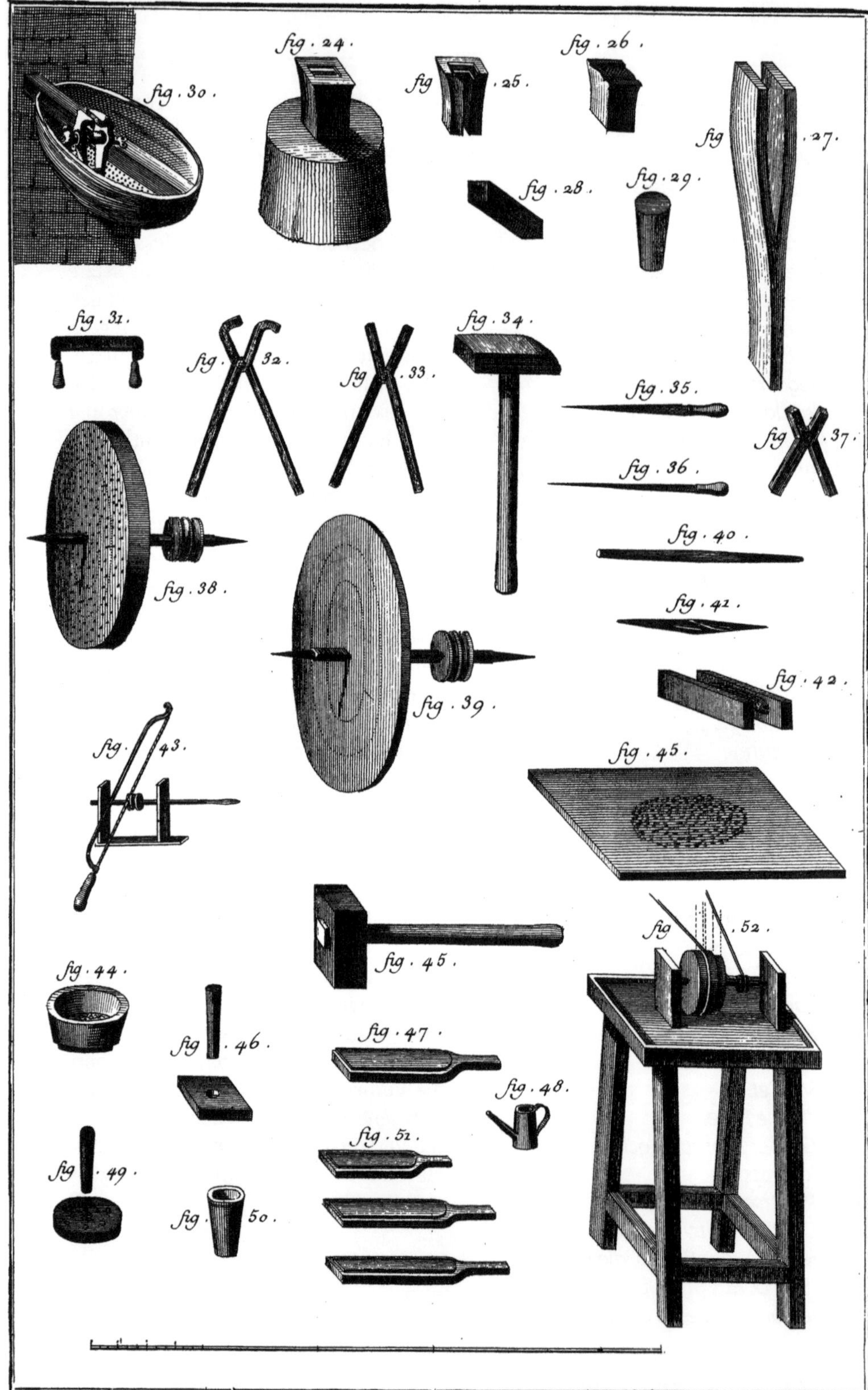

fig. 30.
fig. 24.
fig. 25.
fig. 26.
fig. 27.
fig. 28.
fig. 29.
fig. 31.
fig. 32.
fig. 33.
fig. 34.
fig. 35.
fig. 36.
fig. 37.
fig. 38.
fig. 39.
fig. 40.
fig. 41.
fig. 42.
fig. 43.
fig. 45.
fig. 44.
fig. 45.
fig. 46.
fig. 47.
fig. 48.
fig. 49.
fig. 50.
fig. 51.
fig. 52.

Der Sensenschmidt.

Vil Sensen durch mich gschmidet sind/
Mit Hämerschlagen/ schnell vñ schwind/
Die Dengel ich scharff vber dmaß/
Damit man Meht das grüne Graß/
Darauß denn wirt Grumaht vnd Heuw/
Auch mach ich Sichel mancherley/
Darmit man einschneid das Getreid/
Durch alte Weiber vnd Bauwrn Meid.

Zirkel- und Zeugschmied

Der **Zeug- oder Zirkelschmied** macht Handwerkszeuge, Zangen, Bohrer, Sägeblätter, Meißel etc. Von Zirkeln macht er Hauptsächlich solche für den Steinhauer, Zimmermann, Schreiner, Glaser etc. Manche Werkzeuge hat der Zirkelschmied mit dem Schlosser und anderen Eisenarbeitern gemein. Er muss besonders mit dem Feilen, Drehen und Stahlhärten wohl umzugehen wissen, auch Gegenstände aus Messing zu gießen und weiter zu verarbeiten verstehen. ❏

Das goldene Ehrenbuch der Gewerke und Zünfte • 1834

Der Zirkel ist zwar ein einfaches, aber dem Künstler und Handwerker unentbehrliches Instrument. Ein guter Zirkel wird daher auch gut bezahlt und der Künstler weiß den Wert eines vorzüglichen zu schätzen.

Die **Zirkelschmiede** verfertigen, außer dem Instrument, von welchem sie den Namen führen, auch vollständige Reißzeuge, Zeichenfedern, Lineale und andere mathematische und chirurgische Instrumente: das Werkzeug für verschiedene Künstler und Handwerker, Hammer, Zangen, Feil- und Lötkolben, Stockscheren, Durchschläge, Gerbstähle, Grabstichel, Schneid- und Drehzeug. Sie liefern ferner in die Haushaltung Wachsstockscheren, Leuchter, Lichtputzen, Feuerzangen, Pfanneneisen, Röste, Wetzstähle, Fleischgabeln, Kohlen- oder Glutpfannen und noch eine andere Menge nützlicher Gegenstände. Die vorzüglicheren Meister verfertigen auch Astrolabien, Quadranten, Proportional-Zirkel, Maßstäbe und dergleichen; auch Schrauben zu Druckwerken und ganz eiserne Schneid- und Druckpressen, Plättmühle, etc. gehen aus

Der Circkelschmidt.

Fig. 1.
Fig. 2.
A
B
C
Fig. 3.
A
B
Fig. 6.
A
B
Fig. 4.
A
A
A
A
B
Fig. 7.
B
C
Fig. 8.
B
A
Fig. 9.
B
A
C
Fig. 5.
Fig. 13.
A
B
Fig. 11.
B
A
Fig. 14.
B
B
A
C
Fig. 12.
A
B
B
Fig. 10.
B
B
A
C

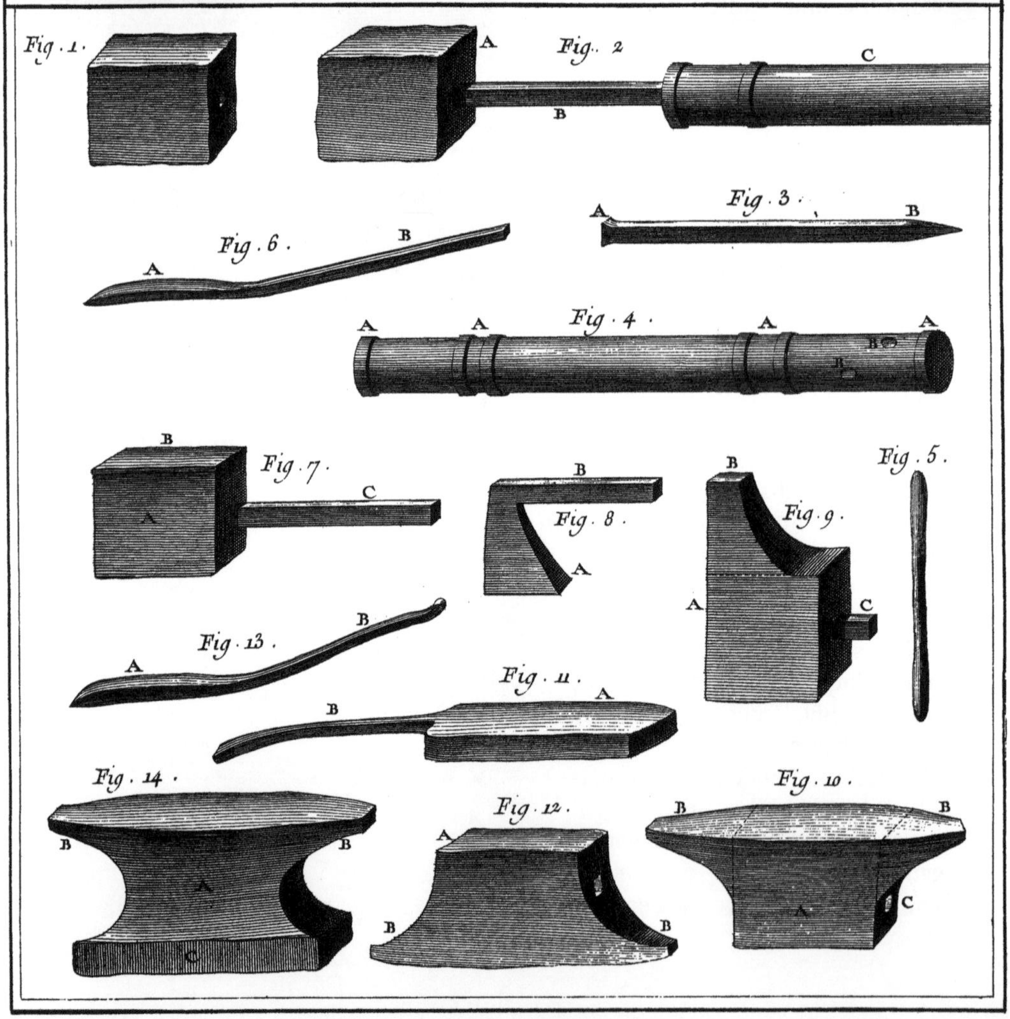

ihren Werkstätten hervor. Die **Zeug-schmiede** machen, außer Zirkel- und Reißzeugen, alle übrigen angeführten nebst andern Arbeiten. Die Güte ihrer Ware, verbunden mit den billigsten Preisen, verschaffen beiden Gewerben reichlichen Absatz und ihre geschickten Meister reihen sich ehrenvoll den übrigen geschätzten Künstlern und Handwerkern Nürnbergs an.. ❐

Seite 30 oben:
Werkzeugmacherwerkstatt.
* *a. Gehilfe am Blasebalg.*
* *b. Gehilfe beim Wenden eines Amboss-Rohlings.*
* *c. – e. Schmieden eines Ambosses.*
* *f. Schmied beim Herstellen einer Feile.*
* *g. Schmiedefeuer.*
* *h. Amboss.*
* *i. Wanne mit Werkzeugen.*
* *l. Kran zum Transportieren von Werkstücken.*

Seite 30 unten:
Fertigung eines Ambosses.
* *1. Eisenrohling für Amboss mit Loch (A) für eine Stange zum Wenden des Rohlings.*
* *2. Der gleiche Eisenrohling mit Wendestange (B) und Holzgriff (C).*
* *3. Wendestange.*
* *4. Holzgriff mit Kurbellöchern (BB).*
* *5. Kurbel aus Eisen.*
* *6. Eisenrohling für die Deckplatte des Ambosses mit Haltegriff (B).*
* *7. Ambossrohling mit Deckplatte (B) und Wendestange (C).*
* *8. Rohling eines Ambosshorns mit Haltegriff (B).*
* *9. Amboss mit angeschweißtem Horn (B).*
* *10. Amboss mit zwei Hörnern (B).*
* *11. Eisenrohling für den Fuß des Ambosses mit Haltegriff (B).*
* *12. Amboss vor dem Anschweißen der Fußplatte.*
* *13. Stahl für die Oberfläche des Ambosses mit Haltegriff (B).*
* *14. Amboss mit Hörnern (B) und Fuß (C).*

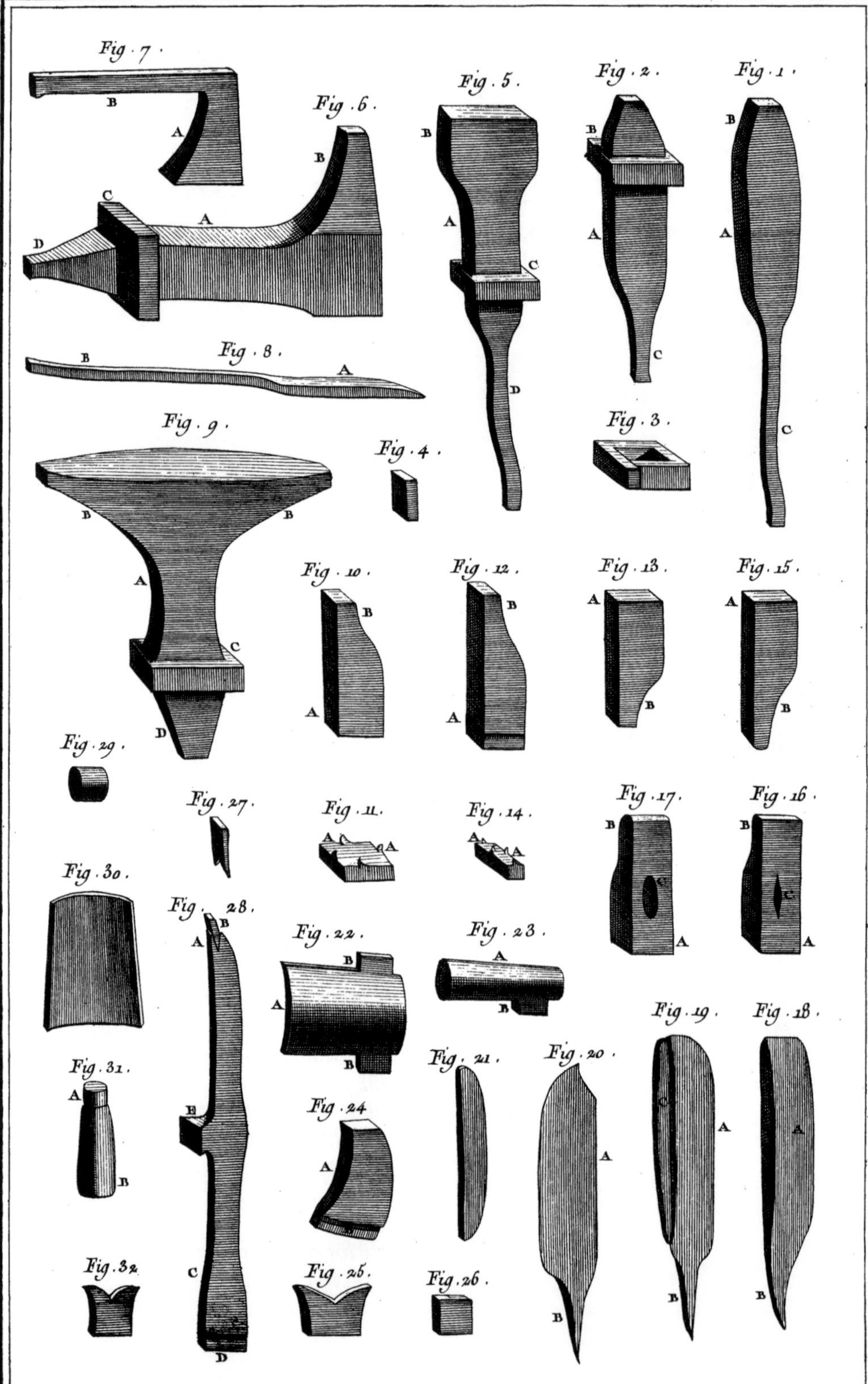

Fig. 7.
Fig. 6.
Fig. 5.
Fig. 2.
Fig. 1.
Fig. 8.
Fig. 3.
Fig. 9.
Fig. 4.
Fig. 10.
Fig. 12.
Fig. 13.
Fig. 15.
Fig. 29.
Fig. 27.
Fig. 11.
Fig. 14.
Fig. 17.
Fig. 16.
Fig. 30.
Fig. 28.
Fig. 22.
Fig. 23.
Fig. 31.
Fig. 24.
Fig. 21.
Fig. 20.
Fig. 19.
Fig. 18.
Fig. 32.
Fig. 25.
Fig. 26.

Fertigung eines Sperrhorns.
- *1. Rohling des Sperrhorns mit Haltegriff (C).*
- *2. Rohling, an dem die als Basis dienende Hülse (B) aufgesteckt ist.*
- *3. Die zum Anschweißen bereite Hülse.*
- *4. Eisenklemme für die Hülse.*
- *5. Sperrhorn mit angeschweißter Hülse (C) und geformten Kopf (B), fertig zum Anschweißen der seitlichen Hörner.*
- *6. Sperrhorn mit angeschweißtem seitlichem Horn (B).*
- *7. Rohling mit Haltegriff (B).*
- *8. Stahl für die Oberfläche des Sperrhorns mit Haltegriff (B).*
- *9. Fertiges Sperrhorn mit Hörnern (B).*

Fertigung eines Hammers.
- *10. Hammerrohling mit Bahn (A) und Finne (B).*
- *11. Stahlplatte bereit zum Anschweißen an die Bahn.*
- *12. Rohling mit angeschweißter Stahlplatte.*
- *13. Rohling bereit zum Anschweißen der Pinne.*
- *14. Stahlplatte bereit zum Anschweißen an die Pinne.*
- *15. Hammerkopf mit angeschweißten Stahlplatten.*
- *16. Hammerkopf mit Bohrung für den Stiel (C).*
- *17. Fertiger Hammerkopf mit Bahn (A), Finne (B) und Loch für den Hammerstil (C).*

Fertigung einer Sichel.
- *18. Rohling der Sichelbasis.*
- *19. Umriss der Sichel mit Basis (A), Angel (B) und Stahlklinge (C).*
- *20. Fertige Sichel.*
- *21. Stahlklinge.*

Fertigung einer Axt.
- *22. Vorbereitetes Axthaus.*
- *23. Griffhülse.*
- *24. Halbfertige Axtklinge.*
- *25. Stahl für die Schneide der Axt.*
- *26. Stahl für die Bahn der Axt.*

Fertigung einer Kreuzaxt.
- *27. Stahl für die Spitze.*
- *28. Umriss der Kreuzaxt mit Schnabel (A), Schneide aus Stahl (B), Eisen (C), Bahn aus Stahl (D).*
- *29. An das Ende der Stilfassung anzuschweißende Rolle.*
- *30. Eisen für die Stilfassung.*
- *31. Die Stilfassung mit der Hülse für den Stil (B).*
- *32. Stahl für die Spitze.*

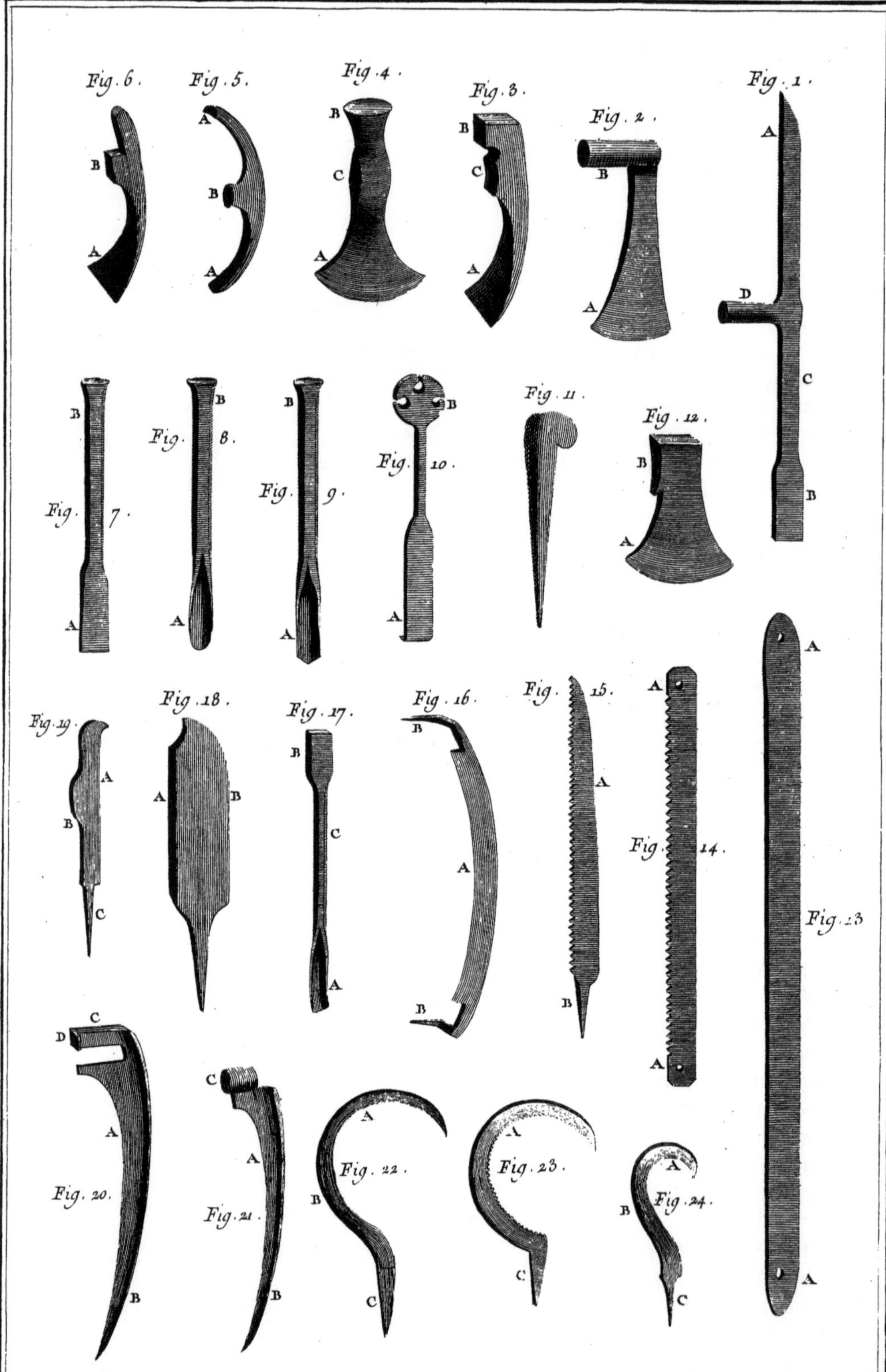

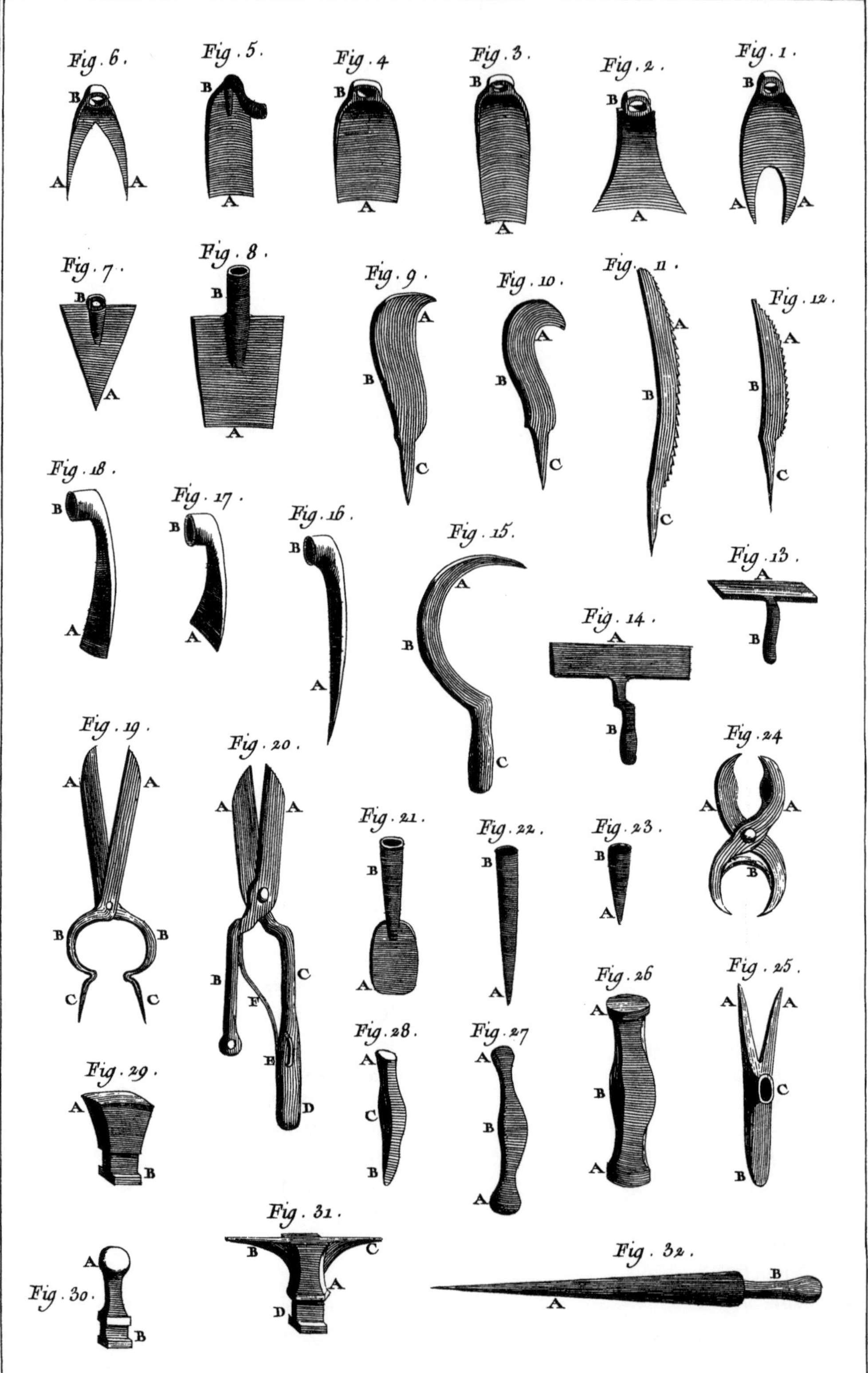

Fig. 6.
Fig. 5.
Fig. 4.
Fig. 3.
Fig. 2.
Fig. 1.
Fig. 7.
Fig. 8.
Fig. 9.
Fig. 10.
Fig. 11.
Fig. 12.
Fig. 18.
Fig. 17.
Fig. 16.
Fig. 15.
Fig. 14.
Fig. 13.
Fig. 19.
Fig. 20.
Fig. 21.
Fig. 22.
Fig. 23.
Fig. 24.
Fig. 26.
Fig. 25.
Fig. 29.
Fig. 28.
Fig. 27.
Fig. 30.
Fig. 31.
Fig. 32.

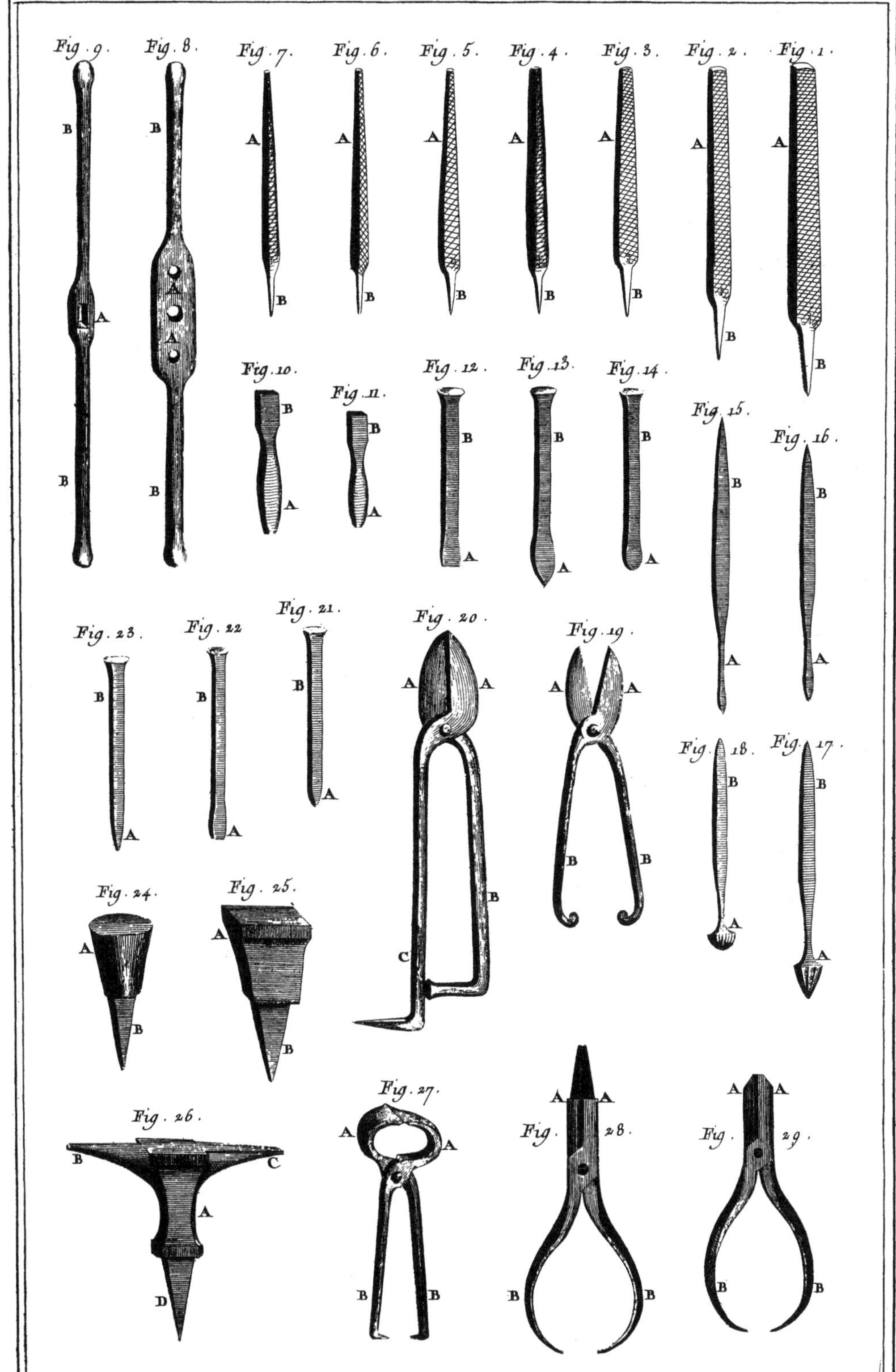

Fig. 9.
Fig. 8.
Fig. 7.
Fig. 6.
Fig. 5.
Fig. 4.
Fig. 3.
Fig. 2.
Fig. 1.
Fig. 10.
Fig. 11.
Fig. 12.
Fig. 13.
Fig. 14.
Fig. 15.
Fig. 16.
Fig. 23.
Fig. 22.
Fig. 21.
Fig. 20.
Fig. 19.
Fig. 18.
Fig. 17.
Fig. 24.
Fig. 25.
Fig. 26.
Fig. 27.
Fig. 28.
Fig. 29.

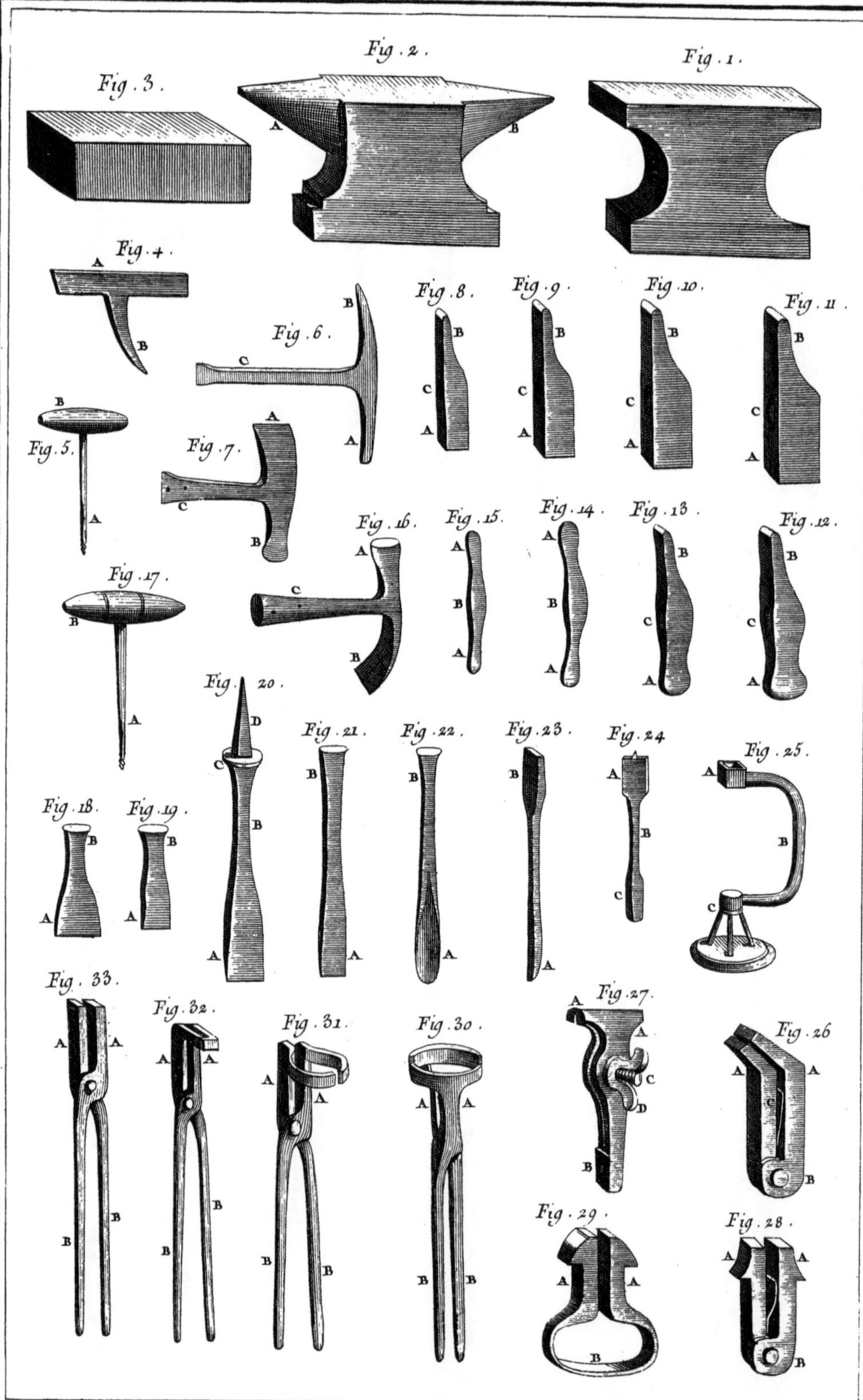

Fig. 3.
Fig. 2.
Fig. 1.
A
B
Fig. 4.
A
B
Fig. 6.
C
B
Fig. 8.
B
C
A
Fig. 9.
B
C
A
Fig. 10.
B
C
A
Fig. 11.
B
C
A
Fig. 5.
B
A
Fig. 7.
A
C
B
Fig. 16.
A
C
B
Fig. 15.
A
B
A
Fig. 14.
A
B
A
Fig. 13.
B
C
A
Fig. 12.
B
C
A
Fig. 17.
B
A
Fig. 20.
D
C
B
A
Fig. 21.
B
A
Fig. 22.
B
A
Fig. 23.
B
A
Fig. 24.
A
B
C
Fig. 25.
A
B
C
Fig. 18.
B
A
Fig. 19.
B
A
Fig. 33.
A   A
B
B
Fig. 32.
A   A
B
B
Fig. 31.
A   A
B
B
Fig. 30.
A   A
B   B
Fig. 27.
A
A
C
D
B
Fig. 26.
A   A
C
B
Fig. 29.
A   A
B
Fig. 28.
A   A
B

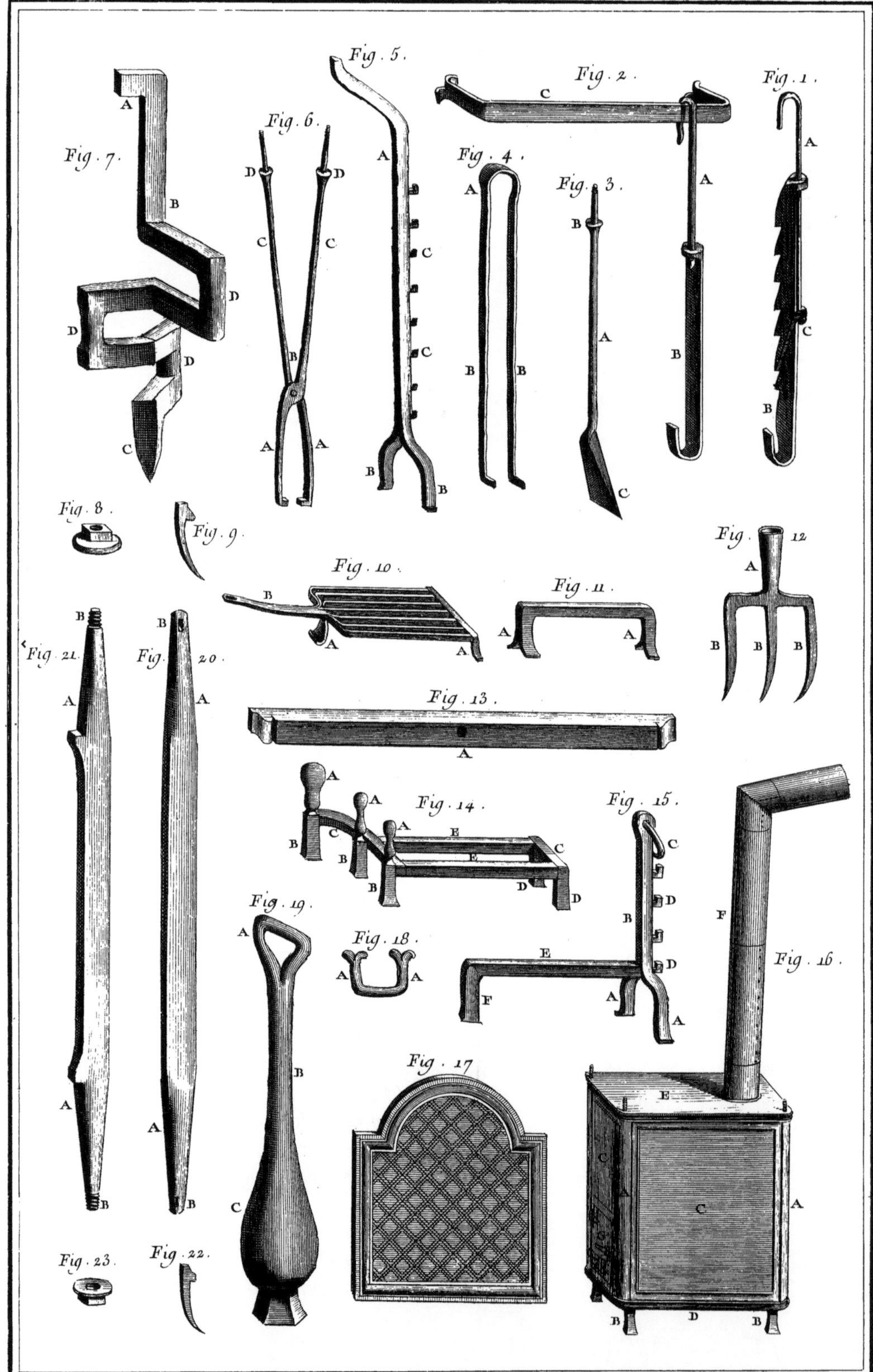

Fig. 1.
Fig. 2.
Fig. 3.
Fig. 4.
Fig. 5.
Fig. 6.
Fig. 7.
Fig. 8.
Fig. 9.
Fig. 10.
Fig. 11.
Fig. 12.
Fig. 13.
Fig. 14.
Fig. 15.
Fig. 16.
Fig. 17.
Fig. 18.
Fig. 19.
Fig. 20.
Fig. 21.
Fig. 22.
Fig. 23.

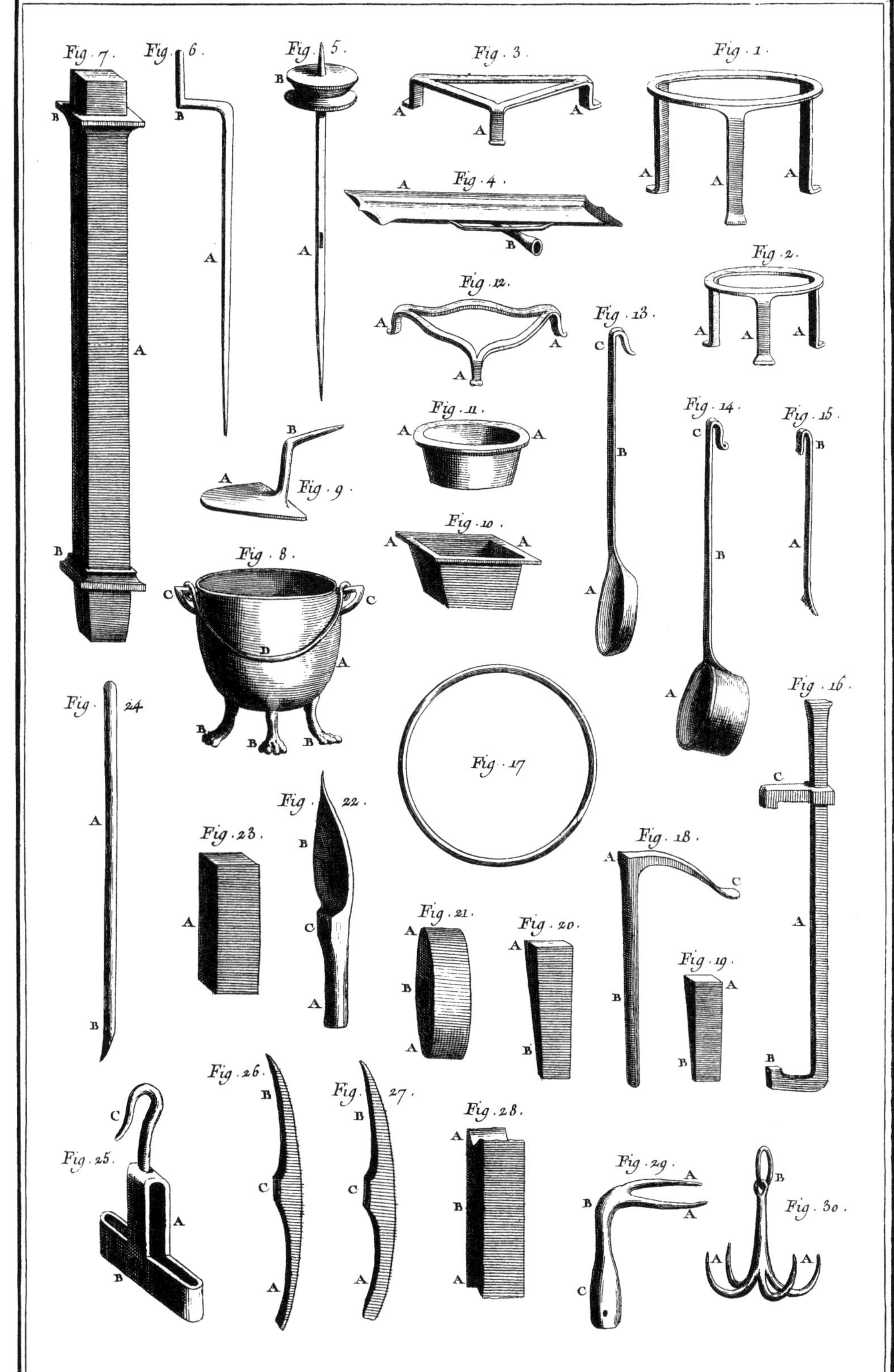

Fig. 7.
Fig. 6.
Fig. 5.
Fig. 3.
Fig. 1.
Fig. 4.
Fig. 2.
Fig. 12.
Fig. 13.
Fig. 11.
Fig. 14.
Fig. 15.
Fig. 9.
Fig. 10.
Fig. 8.
Fig. 16.
Fig. 24.
Fig. 17.
Fig. 22.
Fig. 23.
Fig. 18.
Fig. 21.
Fig. 20.
Fig. 19.
Fig. 26.
Fig. 27.
Fig. 28.
Fig. 25.
Fig. 29.
Fig. 30.

Nagelschmied

Die größten geschmiedeten Nägel werden auf Wasserhämmern, die kleineren durch Handarbeit von **Nagelschmied**en gefertigt, u. zwar aus vierkantigem Stäben od. aus gewalztem, in Streifen zerschnittenem Eisen. Mehre solche Stäbe legt der N. zugleich in seine Esse, damit sie weißglühend werden, nimmt einen an der Spitze weißglühenden Stab, schmiedet auf dem Amboss mit dem Hammer den Schaft des Nagels. Die Verfertigung des Nagelkopfes geschieht auf dem Nageleisen, einem breiten, in der Mitte mit einem Loch von der Gestalt des Nagelschaftes versehenen Stück Eisen. Zu jeder Art Nägel hat der Nagelschmied ein anderes Nageleisen. ❑

Seite 44 oben:
Nagelschmiede
• 1. Schmied an der Esse.
• 2. Schmieden des Nagelschafts.
• 3. Formen des Nagelkopfes mit dem
  Nageleisen.

Seite 44 unten:
Verschiedene Nägel.

Seite 45:
Werkzeuge der Nagelschmiede
• 19. – 20. Nageleisen.

Der Nagler.

Ein Nagelschmid bin ich genannt/
Mach eysern Negel mit der Hand/
Allerley art auff meim Amboß/
Kurtz vnde Lang/Klein vnd auch Groß
Bühnnegel / Schloßnegel/ darzu
Faßnegl / Schuchzweck/ich machen thu/
Halbnegel / pfeningnegel starck/
Find man bey mir / an offnem Marck.

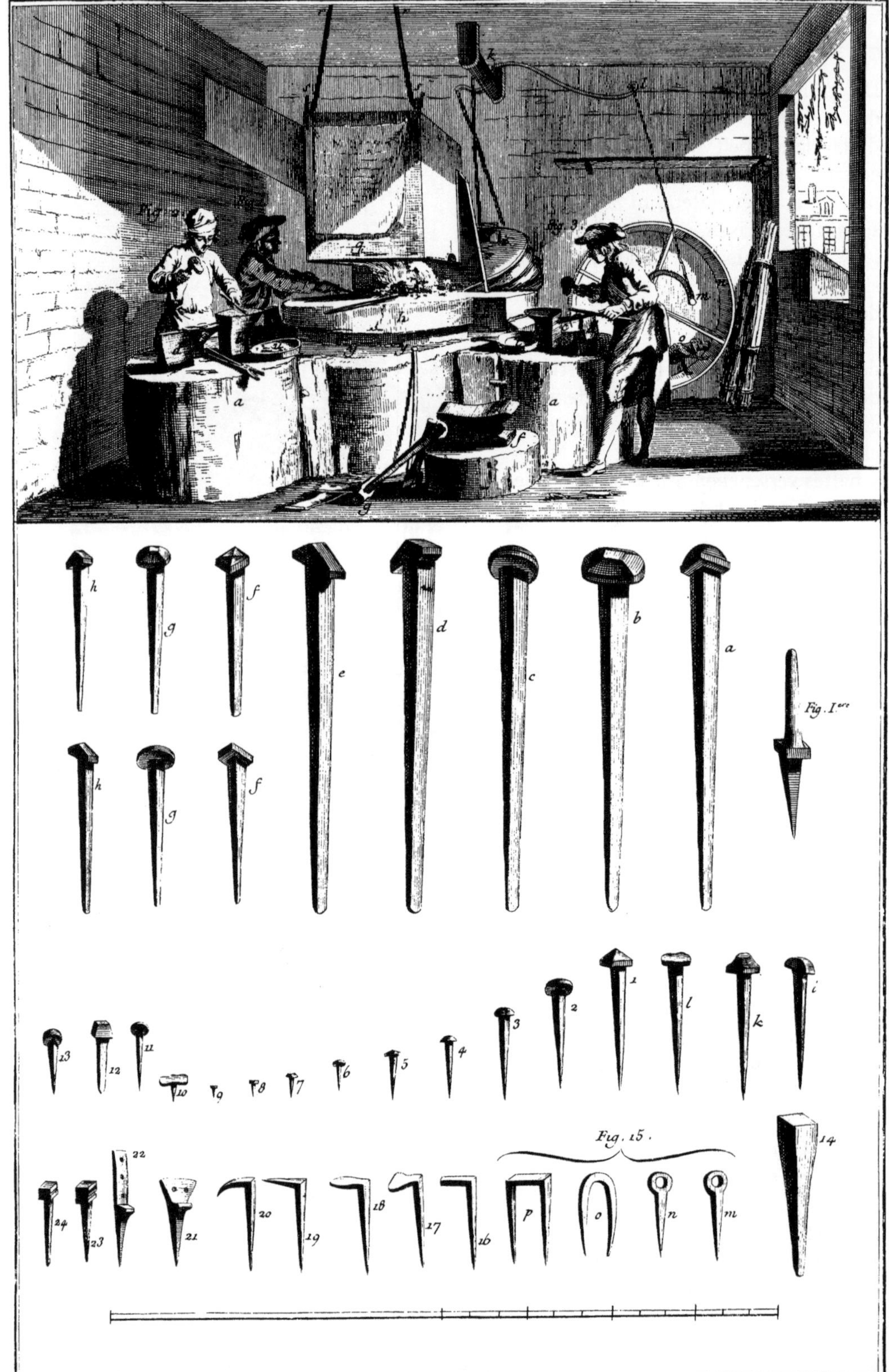

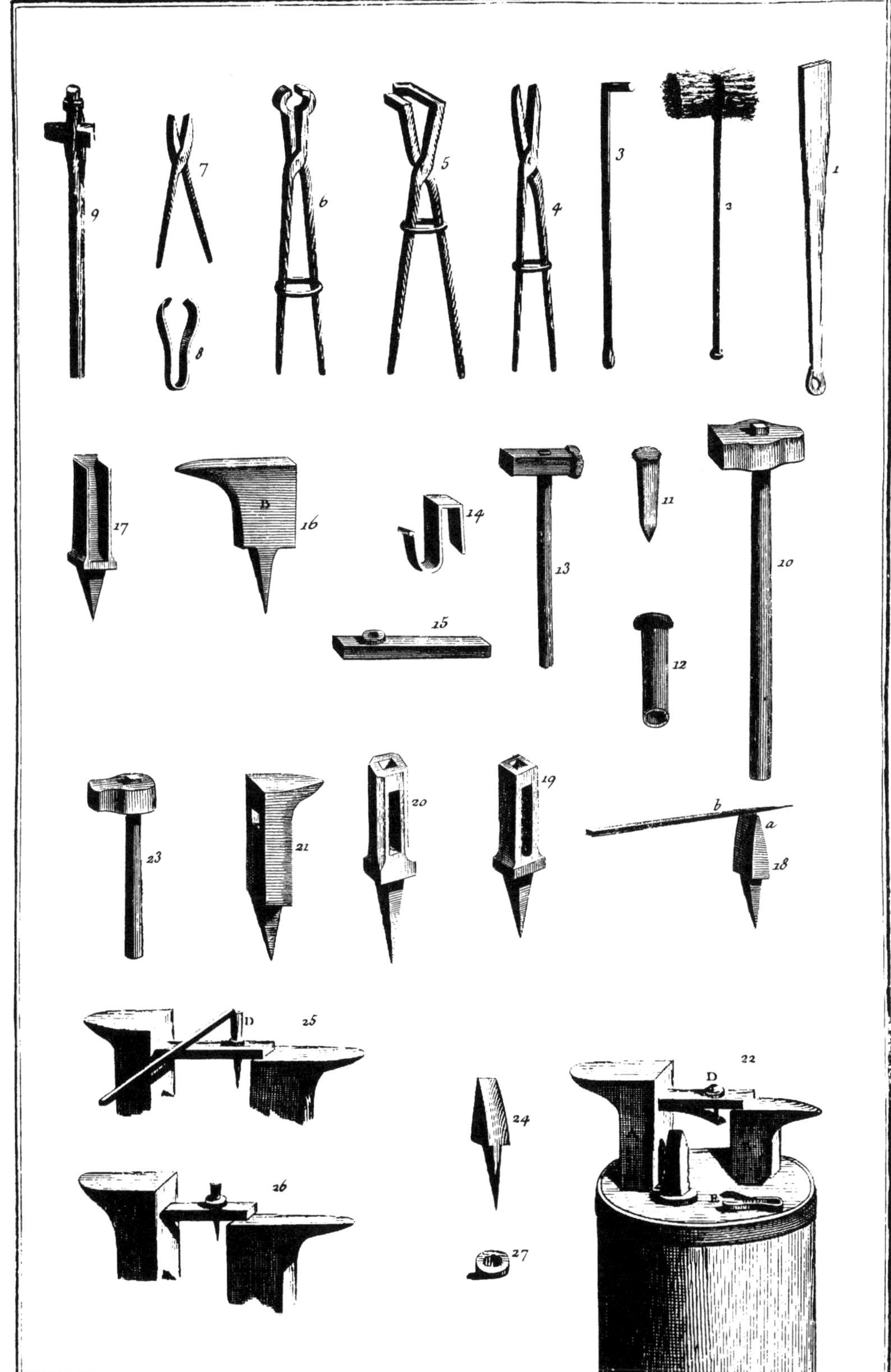

Schlosser

Schlosser (Kleinschmied, Fromberger), zünftige Handwerker, welche vorzüglich Schlösser, Beschläge, besonders an Fenstern u. kleinere Eisenwaren verfertigen. Als Meisterstück machen sie eine eiserne Geldkasse od. ein Haustür- od. künstliches Vorlegeschloss etc.; sie sind ein geschenktes Handwerk. ❑

Der **Schlosser** oder **Kleinschmied** macht nicht nur Schlösser, sondern auch Eisenwaren, als Kasten, Kaffeemühlen, Beschläge, Bratenwender, Gitterwerke usw. Schon in den ältesten Zeiten, bei Homer, hat es Schlösser und Riegel gegeben; die Spartaner haben die Schlüssel erfunden und in der Folge haben Schlösser und Schlüssel durch Römer und Griechen Vervollkommnung erhalten.

Die ersten künstlichen Schlösser erfand der Nürnberger Hans Ehemann 1540; Franzosen und Engländer erfanden verschiedene Vorlege-, Sicherheits- und Vexierschlösser.

Der Schlosser bedarf zur Ausübung seines Gewerbes außer der physischen Kraft und Ausdauer noch große Geschicklichkeit, Aufmerksamkeit und Genauigkeit. Er muss beim Schmieden, das nur mit weißglühendem Eisen geschehen soll, die gespannteste Sorgfalt auf jeden einzelnen Hammerschlag richten und das Verhältnis des zu bearbeitenden Teiles zum Ganzen, stets im Auge behalten, denn ein Schlag mehr oder weniger entstellt seine Arbeit oft dermaßen, dass sie entweder ganz unbrauchbar wird, oder eines verdoppelten Fleißes bedarf, um wieder tauglich gemacht zu werden.

Für den Schlosser ist es sehr wichtig, dass er mit der Feile geschickt umzuge-

Der Schlosser.

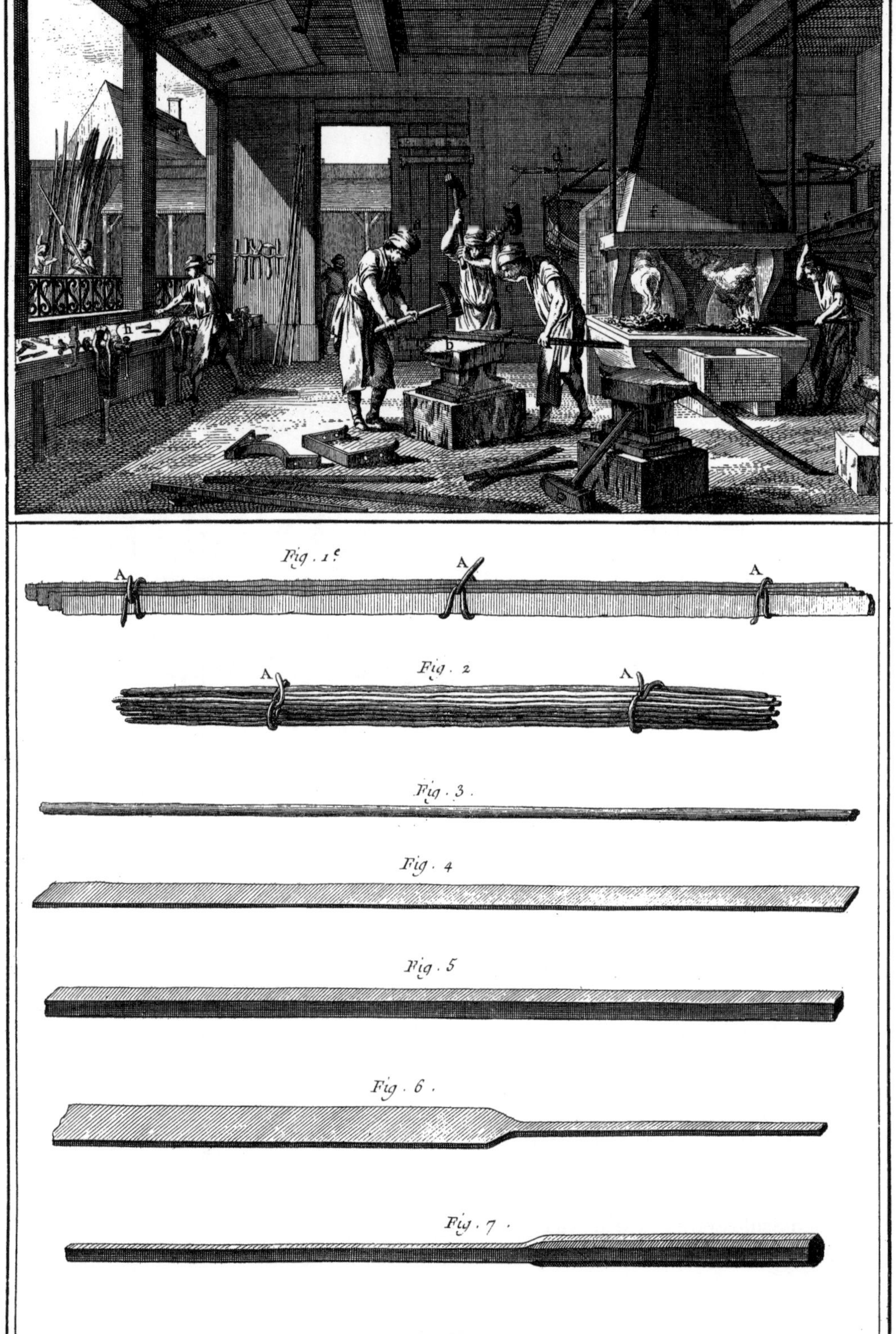
Fig. 1.
A   A   A
Fig. 2
A   A
Fig. 3.
Fig. 4
Fig. 5
Fig. 6.
Fig. 7.

hen wisse; eine kunstgemäße Handhabung derselben ist sehr schwierig und selten. Die Wenigsten wissen die Feile in waagrechter Richtung zu führen, ohne welche es nicht denkbar ist, gerade und entsprechend zu feilen.

Wie wichtig und notwendig der Schlosser ist, leuchtet gewiss jedem ein, denn er sichert uns durch seine Bemühung unser Eigentum vor dem Eingriff fremder Personen. ❐

Seite 48 oben:
Werkstatt eines Schlossermeisters. Zwei Gesellen mit Vorschlaghämmern (a) schlagen auf ein Werkstück (b), um den Schmied (c) zu unterstützen. Der Blasebalg (d) bläst Luft in die Esse (f), in der ein weiterer Schmied das Eisen erhitzt. Ein Geselle (g) arbeitet an der Werkbank (i), an der Schraubstöcke (h) befestigt sind und auf der verschiedene Werkzeuge liegen.

Seite 48 unten:
• 1. Bündel aus Gusseisen.
• 2. Bündel mit Eisenstäben.
• 3. Abgerundete Eisenstange.
• 4. Flacheisenstange.
• 5. Vierkanteisen.
• 6. – 7. Eisenrohlinge.

Seite 50 oben:
Hof in der Nähe der Werkstatt (a) eines Schlossermeisters. Zwei Gesellen bringen Eisenstäbe zur Werkstatt. An der Mauer lagern Eisenstäbe unterschiedlicher Qualität (b). Weitere Gesellen sind damit beschäftigt, das Eisen zu wiegen (c).

Seite 50 unten:
• 1. Bündel aus Gusseisen.
• 2. Bündel mit Eisenstäben.
• 3. Abgerundete Eisenstange.
• 4. Flacheisenstange.
• 5. Vierkanteisen.
• 6. – 7. Eisenrohlinge.

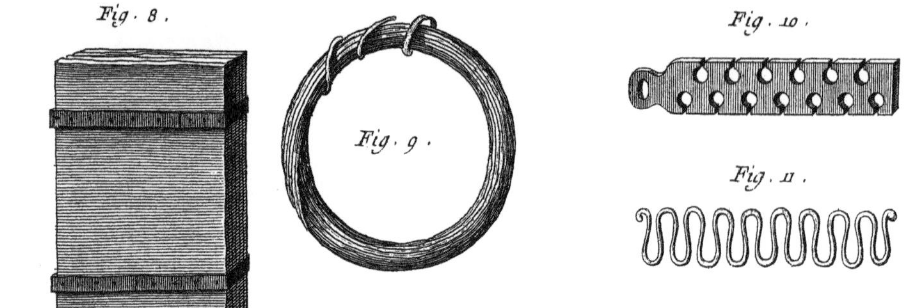

Fig. 8.
Fig. 10.
Fig. 9.
Fig. 11.
Fig. 12.
Fig. 14.
C
A
B
Fig. 13.
Fig. 15.

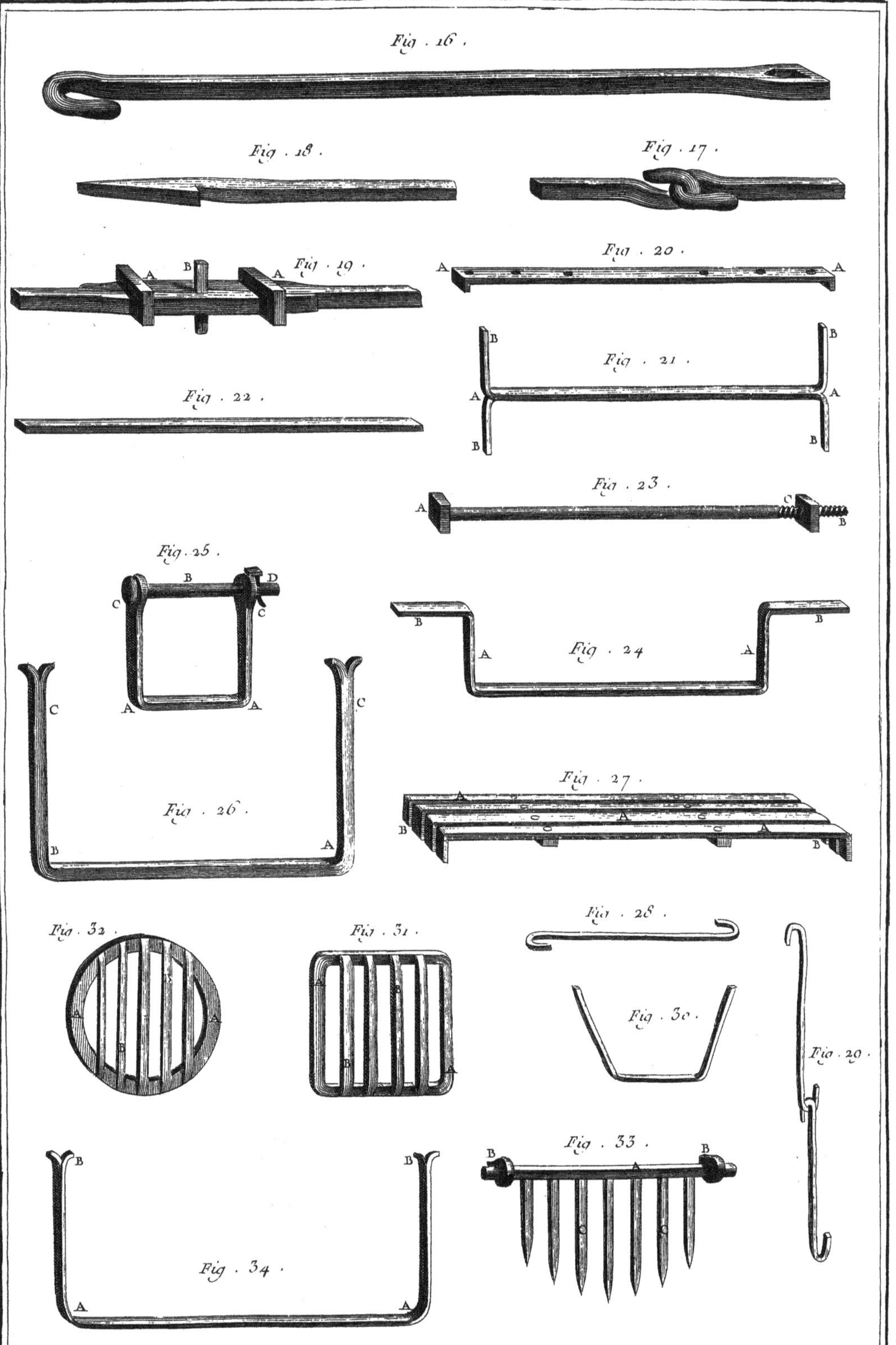

Fig. 16.
Fig. 18.
Fig. 17.
Fig. 19.
Fig. 20.
Fig. 21.
Fig. 22.
Fig. 23.
Fig. 25.
Fig. 24.
Fig. 26.
Fig. 27.
Fig. 32.
Fig. 31.
Fig. 28.
Fig. 30.
Fig. 29.
Fig. 33.
Fig. 34.

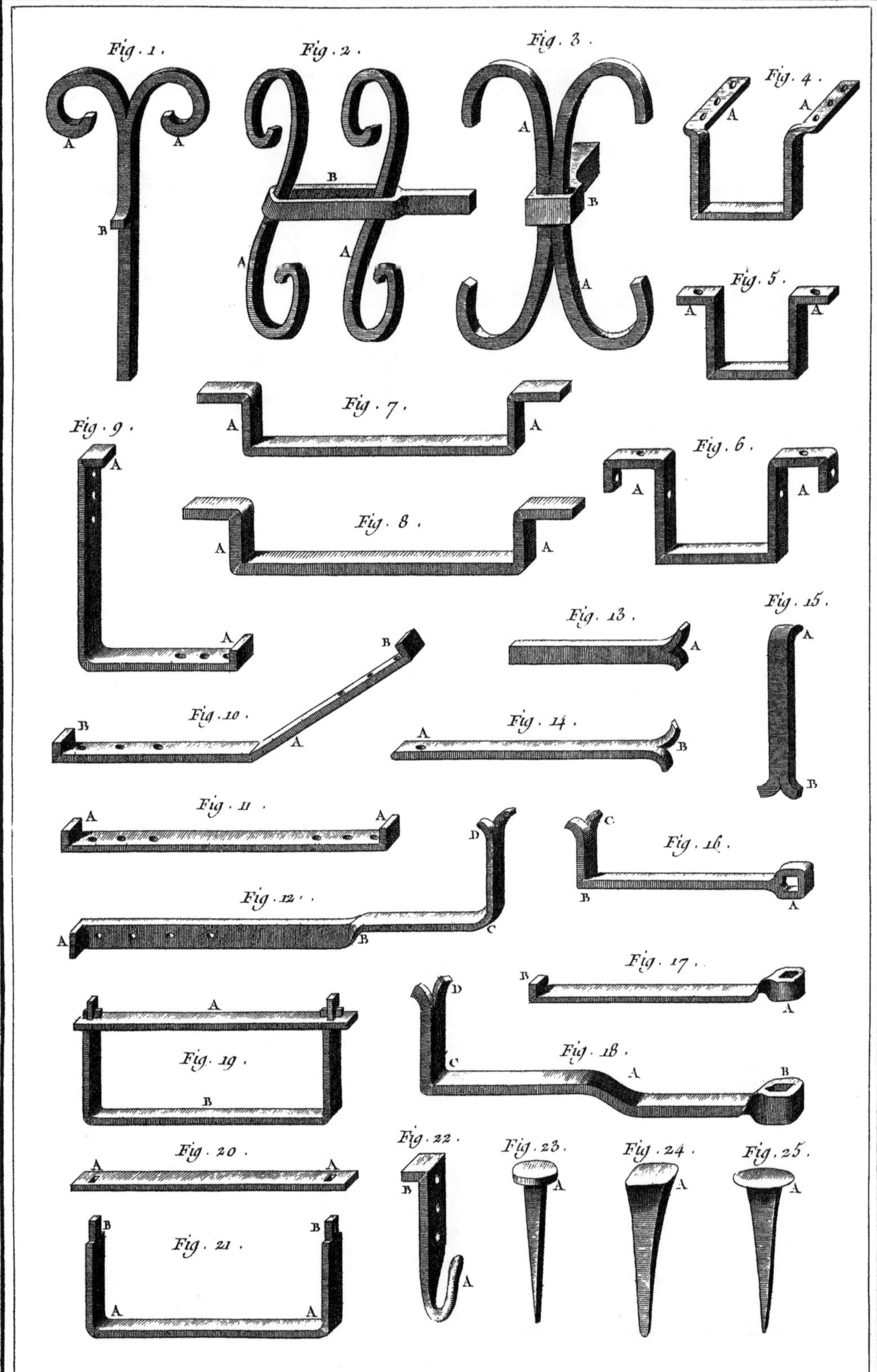

Fig. 1.
Fig. 2.
Fig. 3.
Fig. 4.
Fig. 5.
Fig. 6.
Fig. 7.
Fig. 8.
Fig. 9.
Fig. 10.
Fig. 11.
Fig. 12.
Fig. 13.
Fig. 14.
Fig. 15.
Fig. 16.
Fig. 17.
Fig. 18.
Fig. 19.
Fig. 20.
Fig. 21.
Fig. 22.
Fig. 23.
Fig. 24.
Fig. 25.

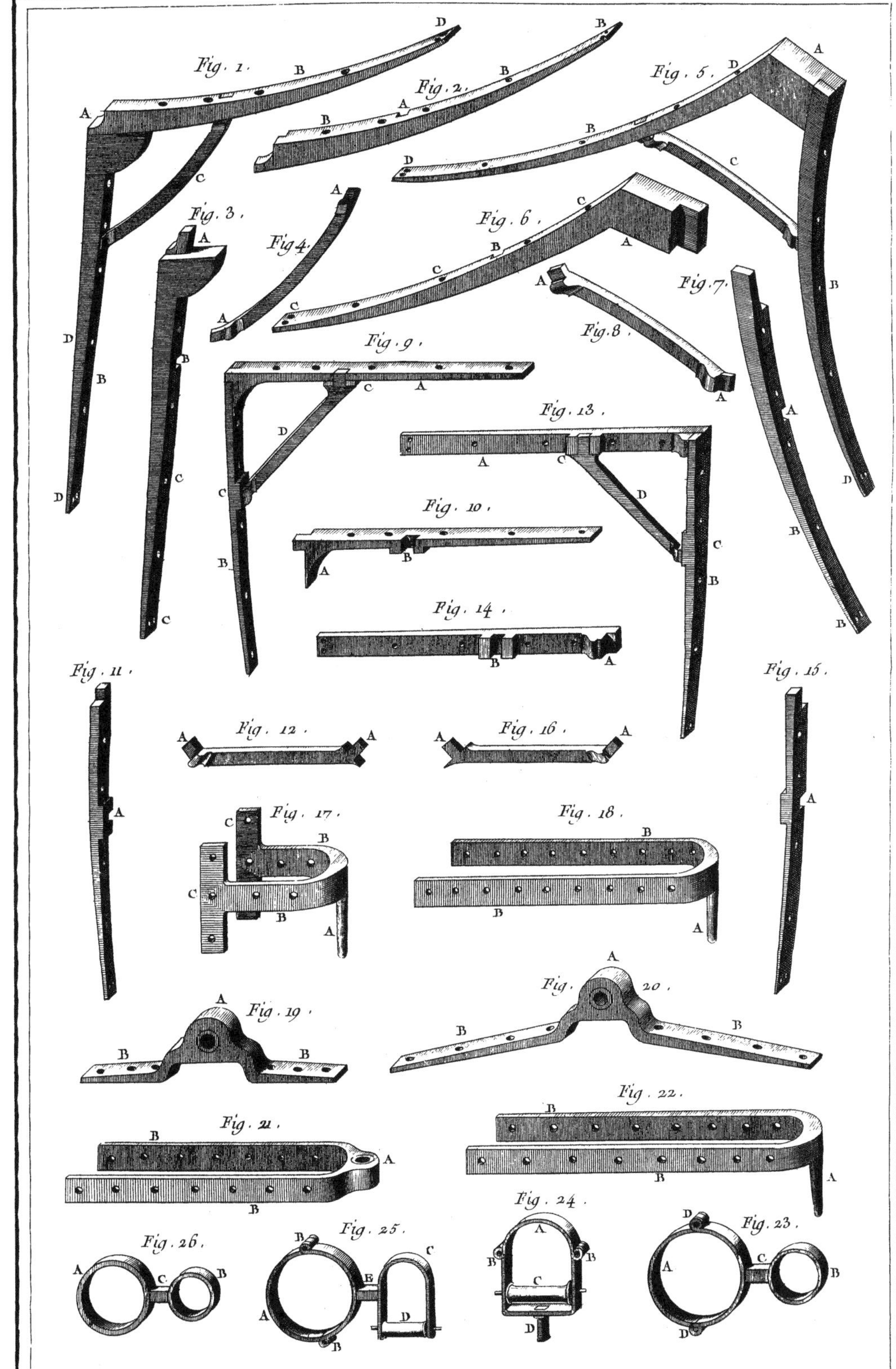

Fig. 1.
Fig. 2.
Fig. 3.
Fig. 4.
Fig. 5.
Fig. 6.
Fig. 7.
Fig. 8.
Fig. 9.
Fig. 10.
Fig. 11.
Fig. 12.
Fig. 13.
Fig. 14.
Fig. 15.
Fig. 16.
Fig. 17.
Fig. 18.
Fig. 19.
Fig. 20.
Fig. 21.
Fig. 22.
Fig. 23.
Fig. 24.
Fig. 25.
Fig. 26.

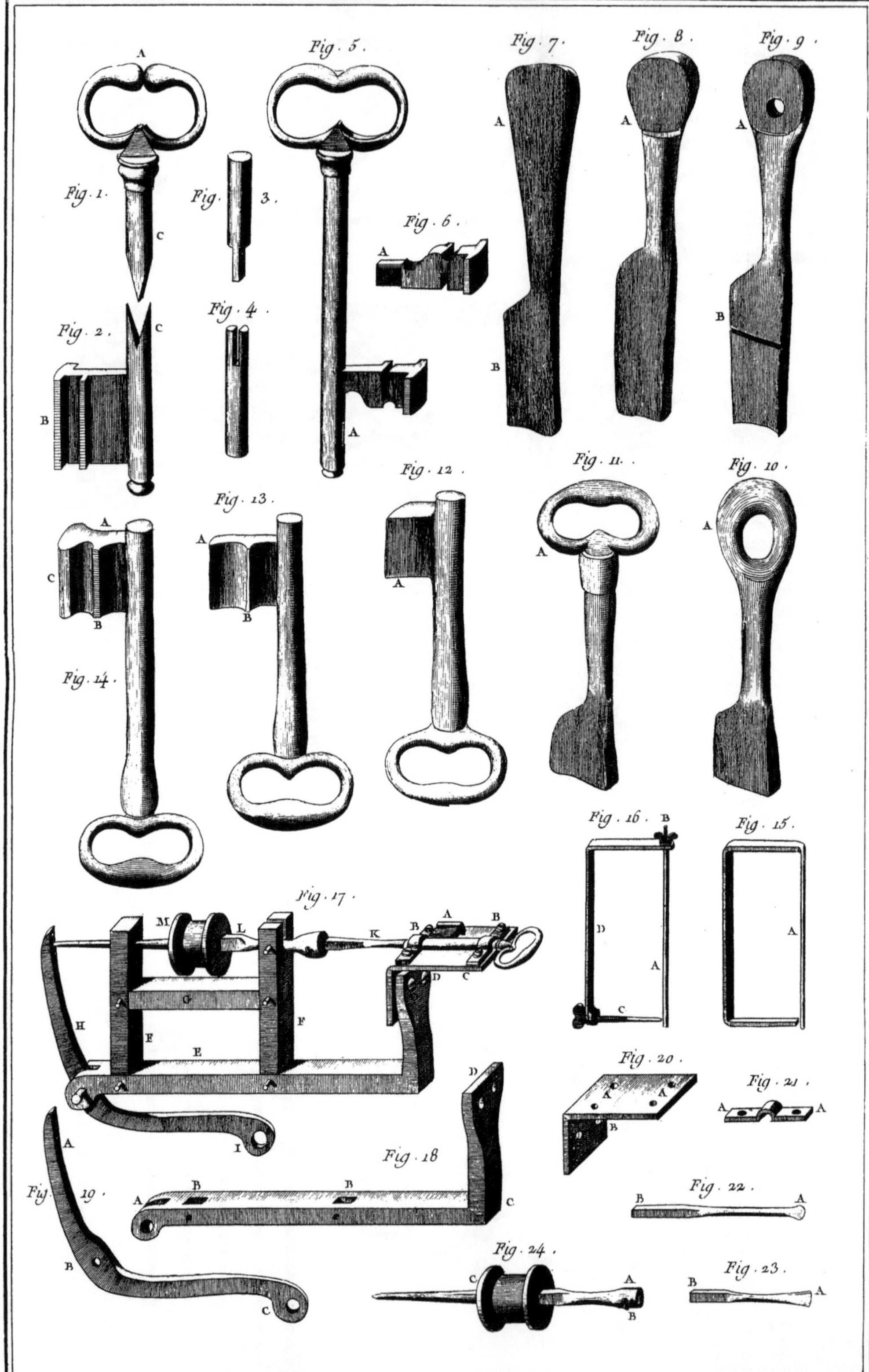

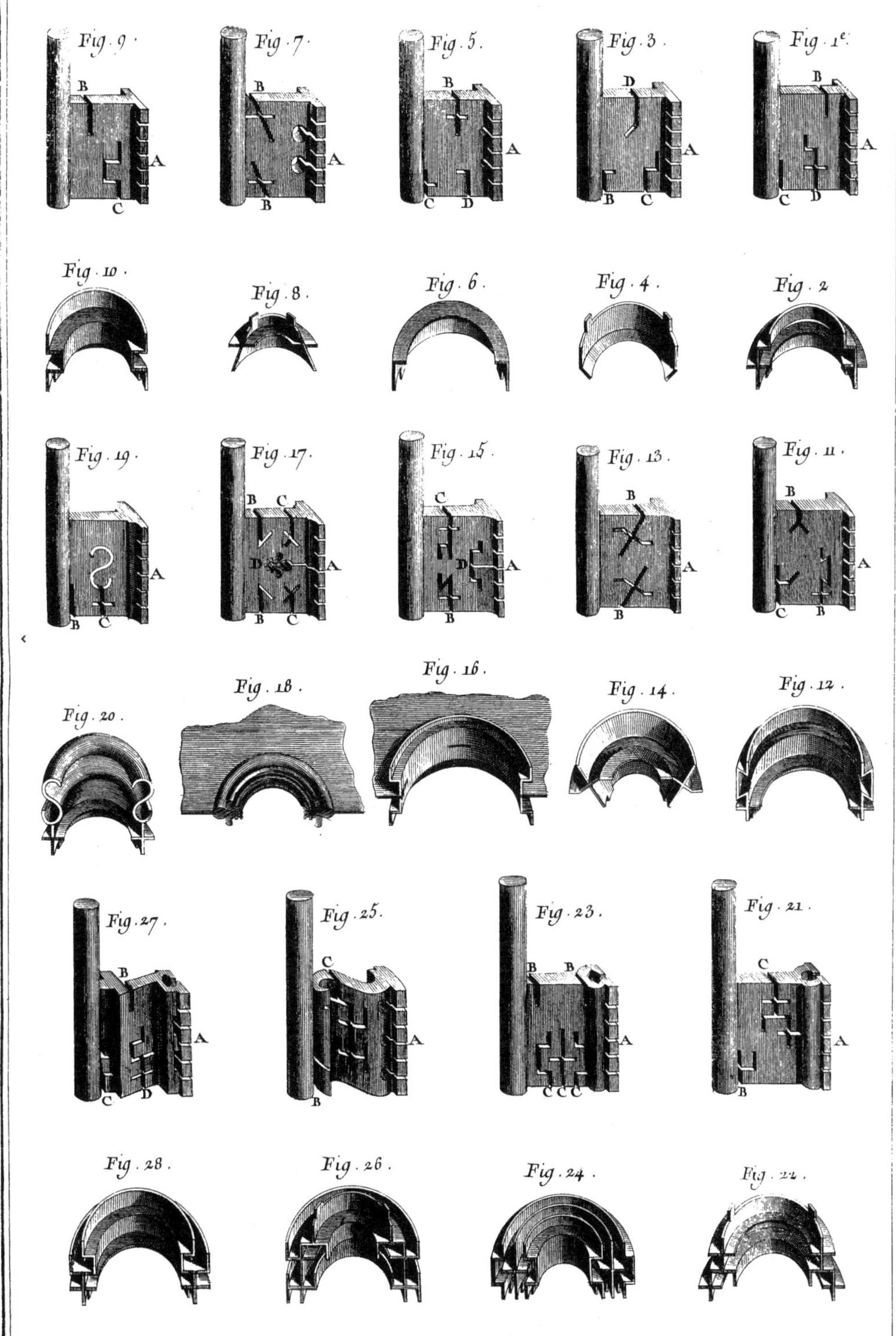

Fig. 9.
Fig. 7.
Fig. 5.
Fig. 3.
Fig. 1.
Fig. 10.
Fig. 8.
Fig. 6.
Fig. 4.
Fig. 2.
Fig. 19.
Fig. 17.
Fig. 15.
Fig. 13.
Fig. 11.
Fig. 20.
Fig. 18.
Fig. 16.
Fig. 14.
Fig. 12.
Fig. 27.
Fig. 25.
Fig. 23.
Fig. 21.
Fig. 28.
Fig. 26.
Fig. 24.
Fig. 22.

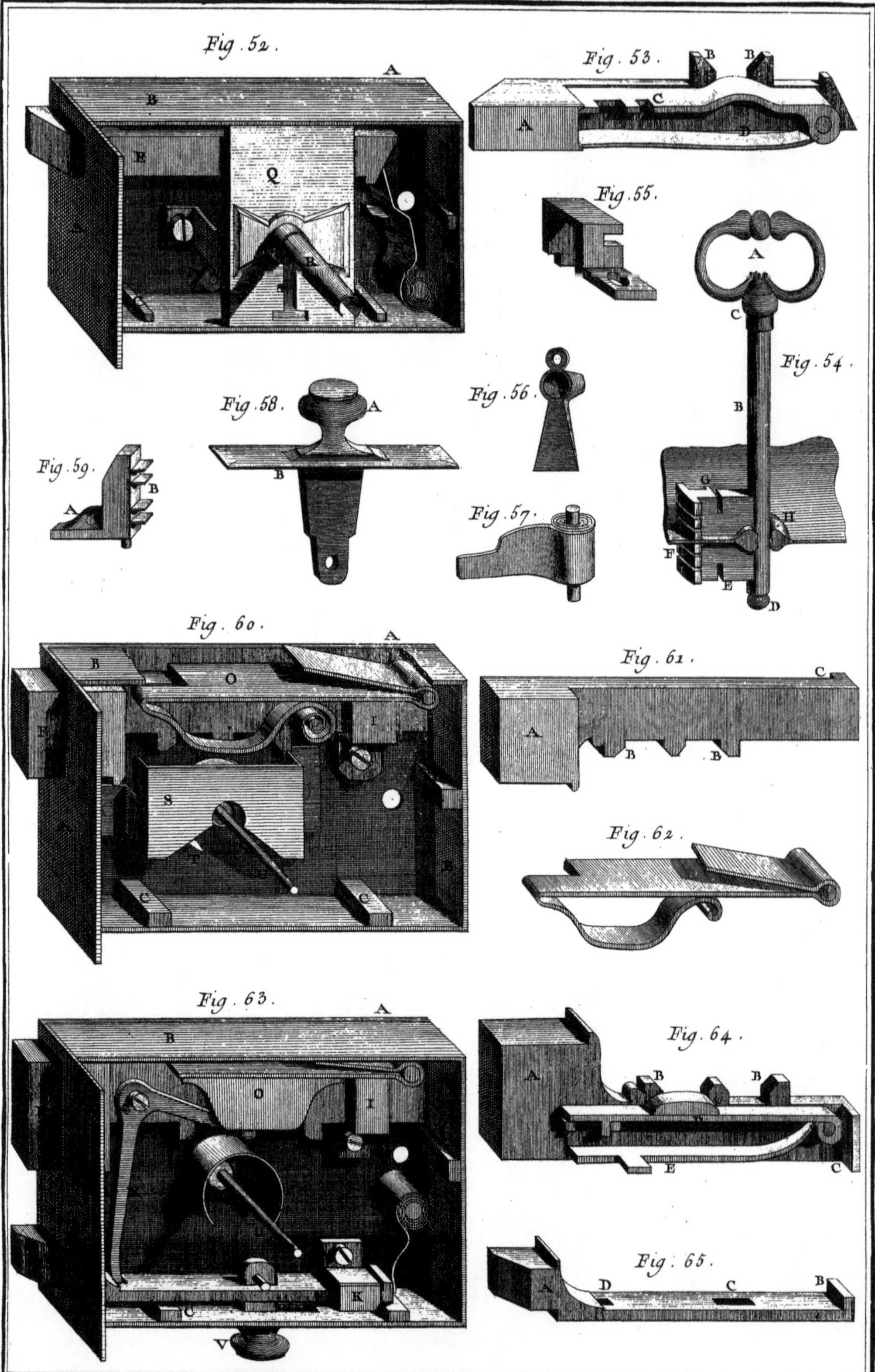

Fig. 52.
Fig. 53.
Fig. 54.
Fig. 55.
Fig. 56.
Fig. 57.
Fig. 58.
Fig. 59.
Fig. 60.
Fig. 61.
Fig. 62.
Fig. 63.
Fig. 64.
Fig. 65.

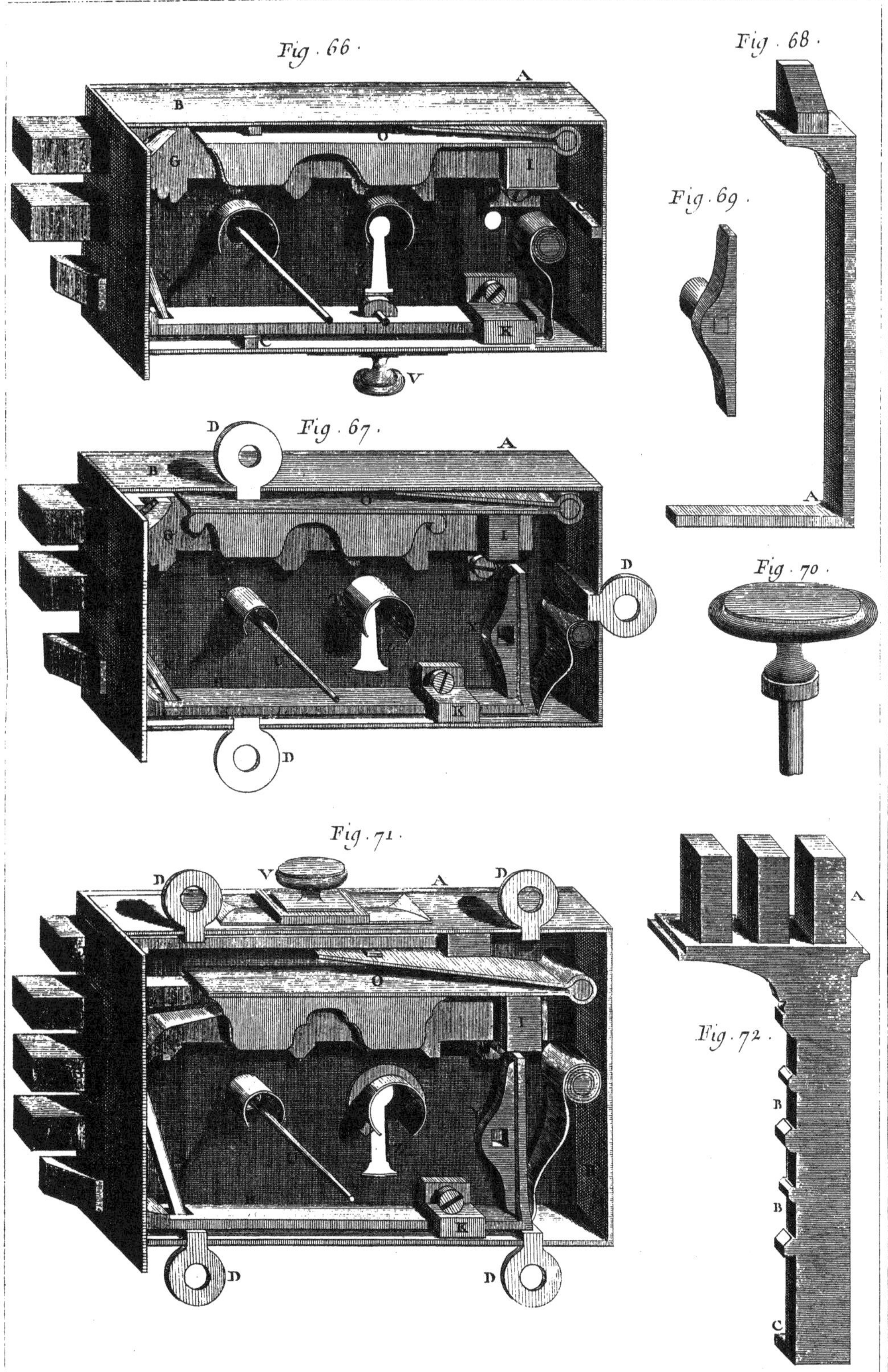
Fig. 66.
B
A
G
I
V
Fig. 67.
D
B
A
G
I
D
D
Fig. 71.
D
V
A
D
I
D
D
Fig. 68.
Fig. 69.
A
Fig. 70.
A
B
Fig. 72.
B
C

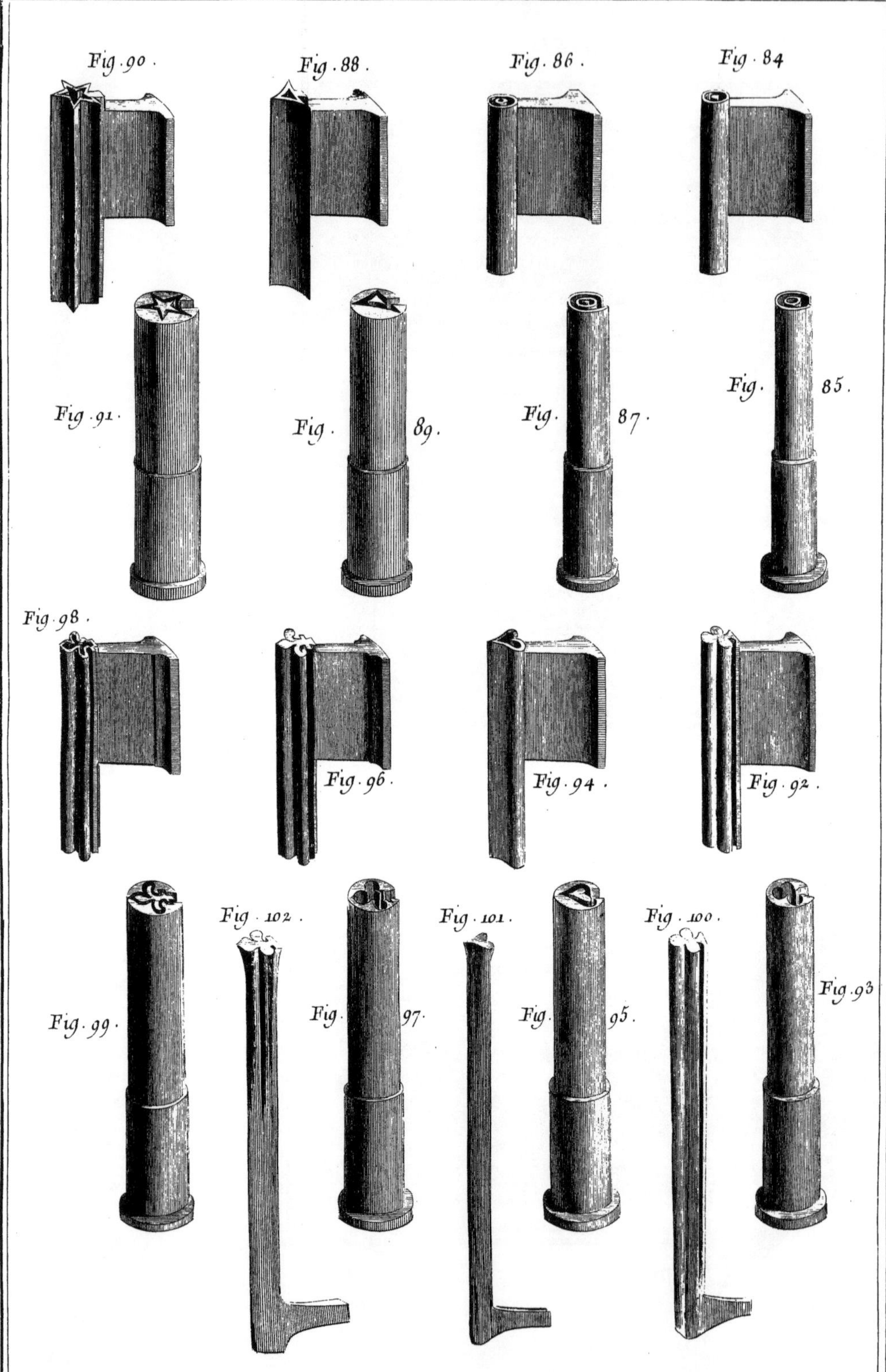

Fig. 90.
Fig. 88.
Fig. 86.
Fig. 84
Fig. 91.
Fig. 89.
Fig. 87.
Fig. 85.
Fig. 98.
Fig. 96.
Fig. 94.
Fig. 92.
Fig. 102.
Fig. 101.
Fig. 100.
Fig. 99.
Fig. 97.
Fig. 95.
Fig. 93

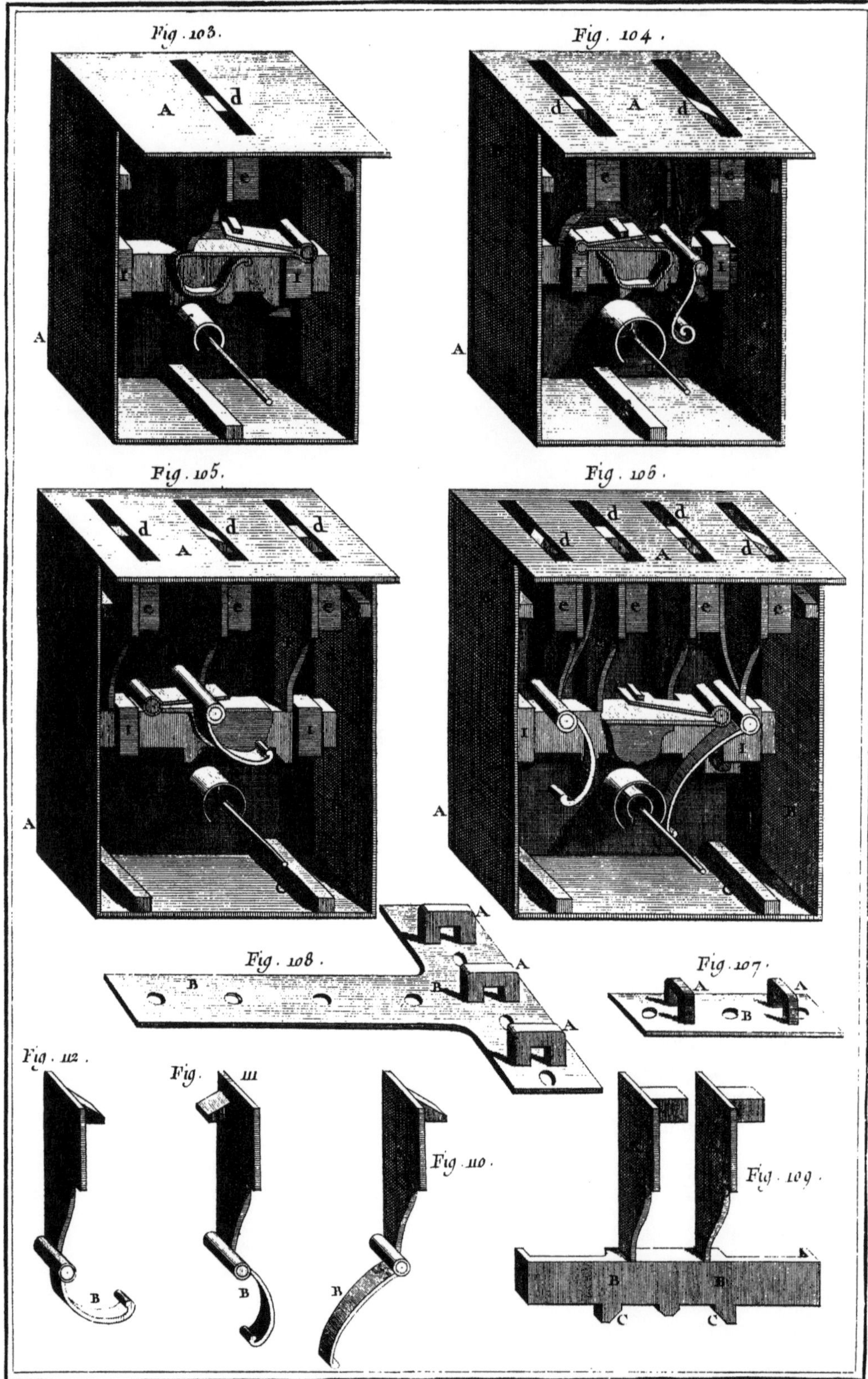

Fig. 103.
Fig. 104.
Fig. 105.
Fig. 106.
Fig. 107.
Fig. 108.
Fig. 109.
Fig. 110.
Fig. 111.
Fig. 112.

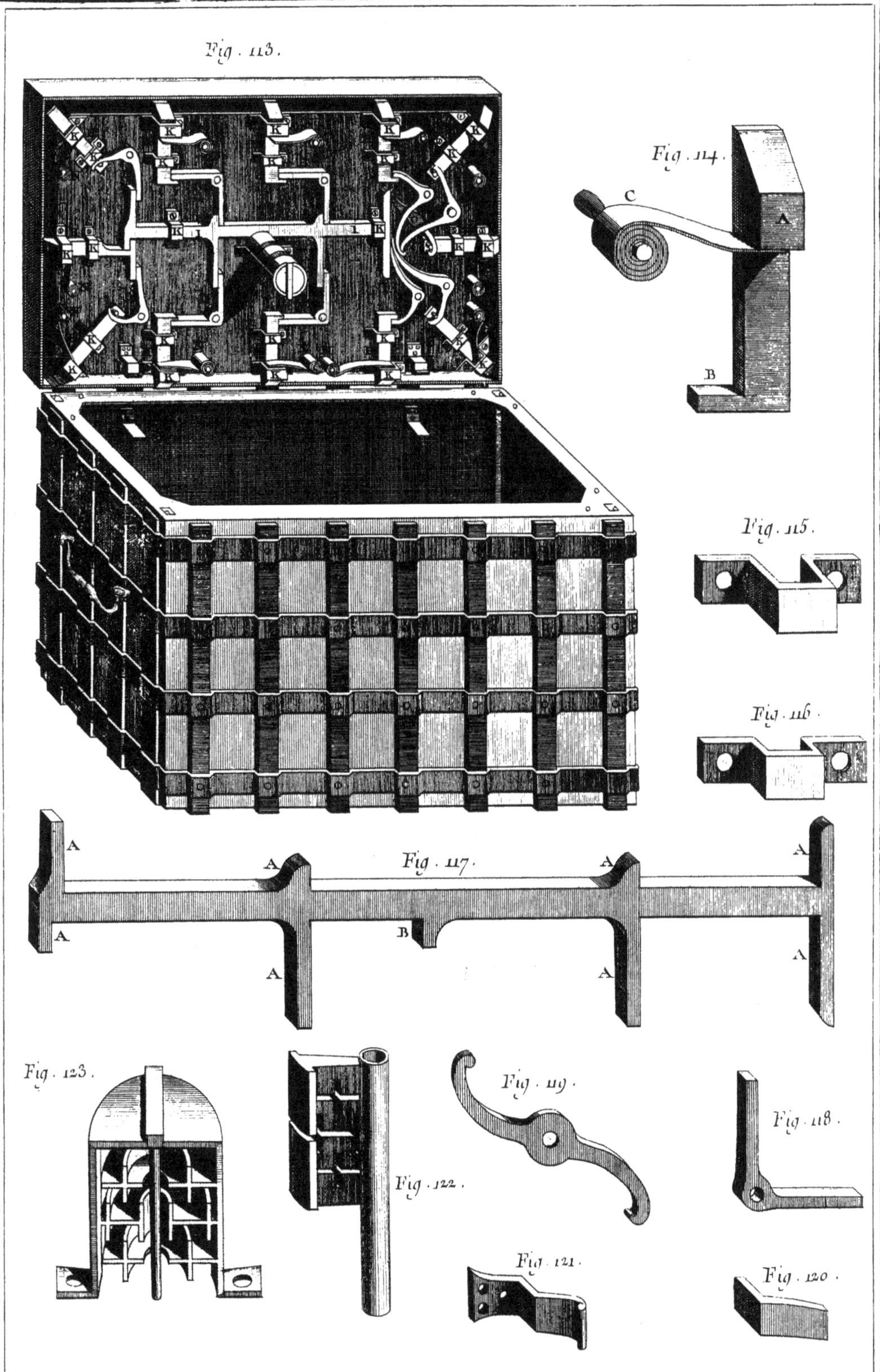

Fig. 113.
Fig. 114.
C
A
B
Fig. 115.
Fig. 116.
Fig. 117.
A
A
A
A
A
B
A
A
Fig. 123.
Fig. 122.
Fig. 119.
Fig. 118.
Fig. 121.
Fig. 120.

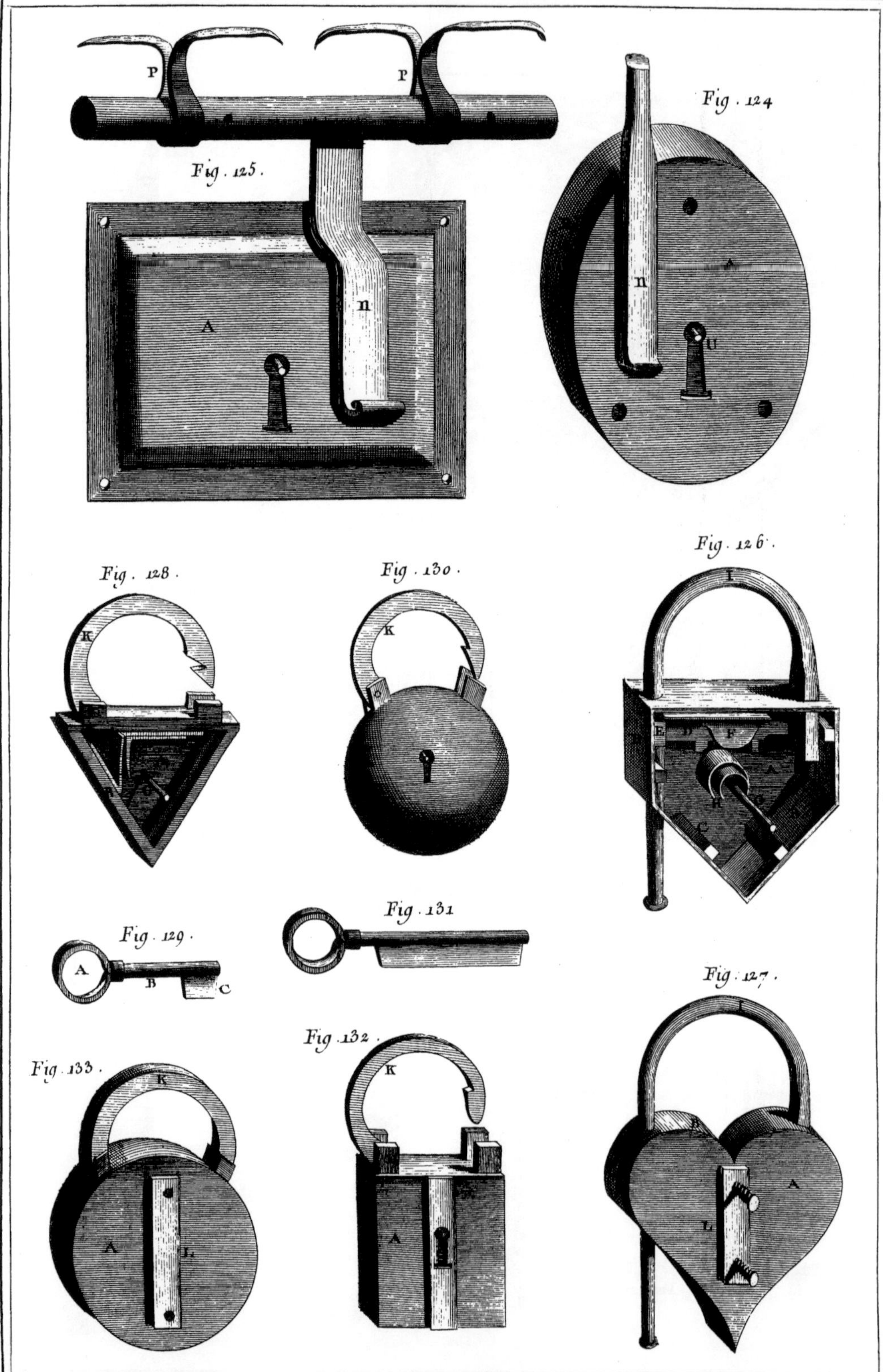

Fig. 125.
Fig. 124.
P
P
n
A
n
u
Fig. 128.
Fig. 130.
Fig. 126.
K
K
I
E D F
Fig. 129.
Fig. 131.
A
B C
Fig. 127.
Fig. 133.
Fig. 132.
K
K
I
A
A
A
A
L
L

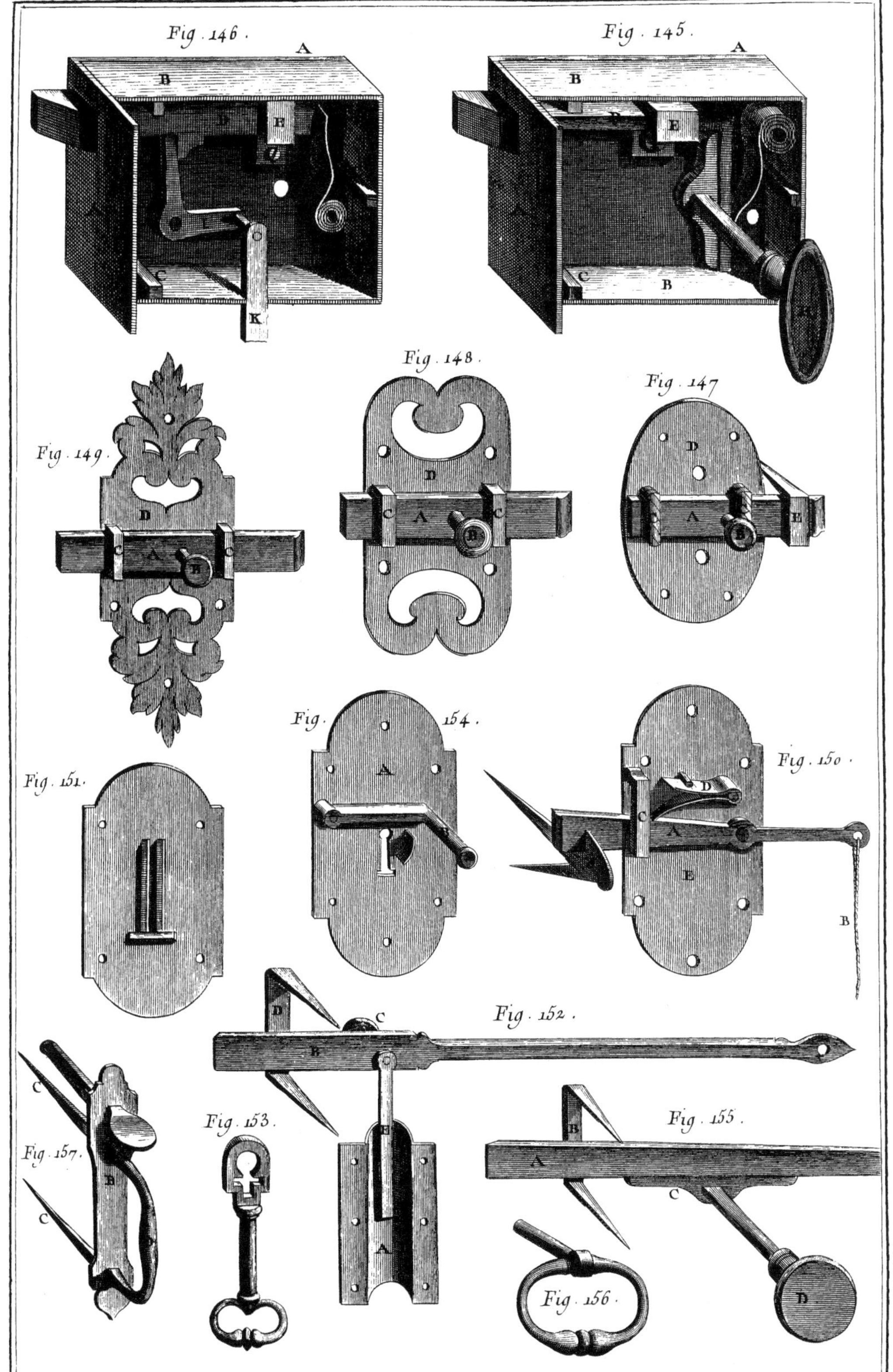
Fig. 146.
Fig. 145.
Fig. 148.
Fig. 147.
Fig. 149.
Fig. 151.
Fig. 154.
Fig. 150.
Fig. 152.
Fig. 153.
Fig. 157.
Fig. 155.
Fig. 156.

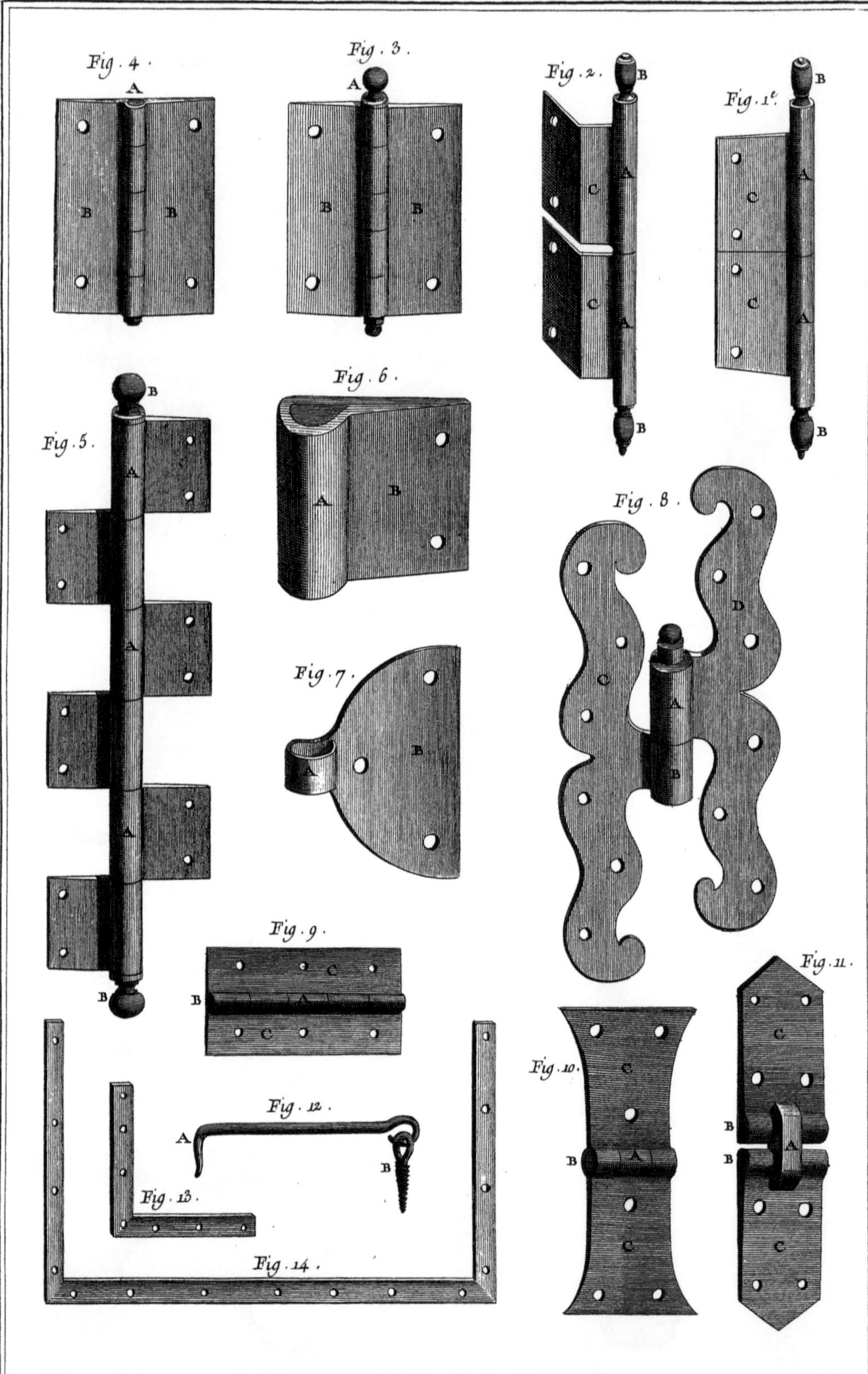

Fig. 4.
Fig. 3.
Fig. 2.
Fig. 1.
Fig. 5.
Fig. 6.
Fig. 7.
Fig. 8.
Fig. 9.
Fig. 10.
Fig. 11.
Fig. 12.
Fig. 13.
Fig. 14.

Sporer, Handwerker, welche Sporen, Reitstangen, Steigbügel, Striegeln u. dgl. Gegenstände verfertigen; sie bilden (wo noch Zünfte bestehen) oft mit den Schlossern eine Innung; reichen ihren wandernden Gesellen ein Geschenk; Lehrzeit 3 Jahre. ❏

Der Sporer.

Ich mache Sporn von Stahl vñ Eyßn/
Geschwertzt vñ Zint/die man thut preyßn/
Die doch den Gaul nit hart verletzn/
Welch Pferd sich tückisch widersetzn/
Den mach ich ein scharffes gebiß/
Das jn von statten treibt gewiß:
Dem Bauwren mach ichs gröber viel/
Der es nur wolfeyl haben wil.

Flaschner

Klempner (Flaschner, Sprengler), zünftige Handwerker, welche 4–6 Jahre lernen, 3 Jahre wandern u. zum Meisterstück eine Lampe u. eine Laterne machen. Sie verfertigen allerlei Waren aus verzinntem Eisen- (Weißblech) od. Messingblech, auch aus schwarzem Eisenblech, Kupfer- u. Zinkblech, z. B. Kessel, Kannen, Dosen, Laternen, Leuchter, Lampen, decken Dächer mit Blech u. verfertigen Dachrinnen etc., handeln auch mit Waren von Verzinntem od. Messingblech. Das Blech wird zuerst auf dem Spannstocke mit dem Spannhammer ausgespannt od. gleichgezogen, d. h. Beulen u. Unebenheiten daraus entfernt, dann nach einem Lineal, Winkelmaß od. Patrone mittelst der spitzigen Reißahle vorgezeichnet u. mit der Blechschere (Hand- od. Stockschere) zugeschnitten. Weißblech wird mit dem stählernen od. hölzernen Polierhammer auf einem kleinen Amboss (Polierstock) geschlagen, um die Verzinnung blank zu machen (Polieren); die fertige Arbeit wird planiert od. glattgehämmert. Messingblecharbeiten werden blank gehämmert, mit Bimsstein u. Holzkohle geschliffen u. poliert. Oft werden die Waren gefirnisst u. lackiert. Durchbrochene Verzierungen werden auf einer viereckigen Bleiplatte (Werkblei) mittelst Verziermeißel (Ziermeißel, Putzmeißel u. Scharfmeißel), Stempel, spitzige Durchschläge (Stemmpolen) etc. ausgearbeitet od. auch auf Durchstößen od. Lochmaschinen ausgestoßen; andere Verzierungen werden wohl auch in Stanzen gepresst. Halbrunde od. runde Arbeiten werden über Dörner, Sperrhörner, Sperrhaken od. mit Hämmern mit langen Schenkeln u. kugelrunder Bahn (Treibhämmern) ausgebaucht od. ausgetieft. Um streifige Verzierungen zu erhalten, werden die mit polierten Furchen versehenen Senkstöcke angewandt. Einzelne Teile vereinigt der K. durch Nieten, Falzen, Löten etc. Wird Blech am Rand umgebogen, um ein anderes Stück an den Umschlag befestigen zu können, so heißt dies Bördeln; es geschieht auf dem Bördeleisen, einem Instrument von rechtwinkelig od. bogenförmig auswärtsgebogener, meißelartiger Schärfe. ❏

Seite 70 oben:
Das Gießen von Bleiplatten in der Klempnerwerkstatt.

Seite 70 unten:
• 1.–2. Bleibarren.
• 3. Eisenlöffel.
• 4. Eisentopf.
• 5. Eisenpfanne.
• 6.–7. Wanne zum Erhitzen von Blei und Werkzeuge.

Seite 71 oben:
Das Gießen von Bleiröhren in der Klempnerwerkstatt.

Seite 71 unten:
Ofen zum Schmelzen von Blei.

fig . 6
fig . 4
fig . 8
fig . 9
fig . 10

fig . 1 . 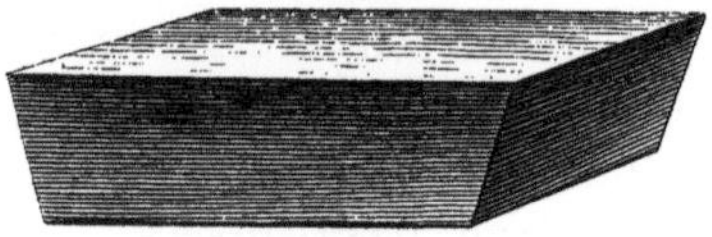
fig . 2 . 
fig . 4 .  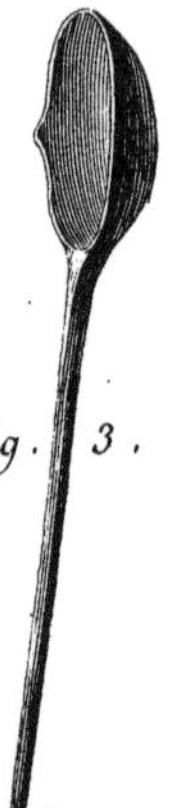
A   A
fig . 6 .
A 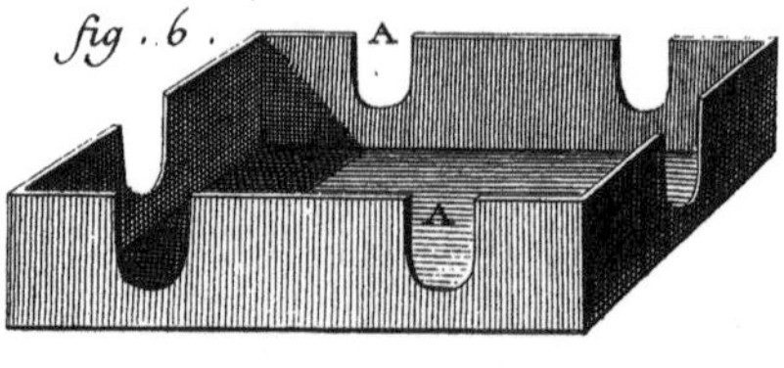
A
fig . 3 .
fig . 5 .
fig . 7 .
A   A 
A

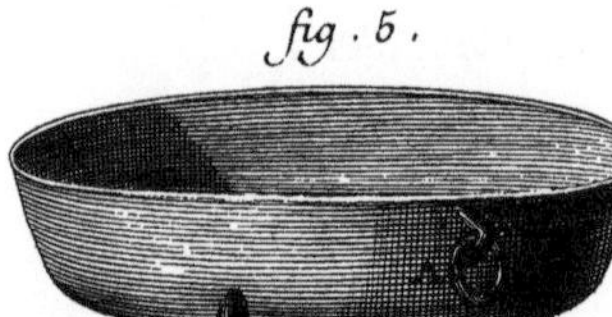

fig. 6.
fig. 11.
fig. 5.
fig. 13.
fig. 12.
fig. 7.
fig. 8.
D
F
B
A
A
fig. 9.
D
A
B
A
E
fig. 10.
B
A

fig. 1.
fig. 2.
fig. 4.
fig. 5.
fig. 6.
fig. 3.
fig. 7. 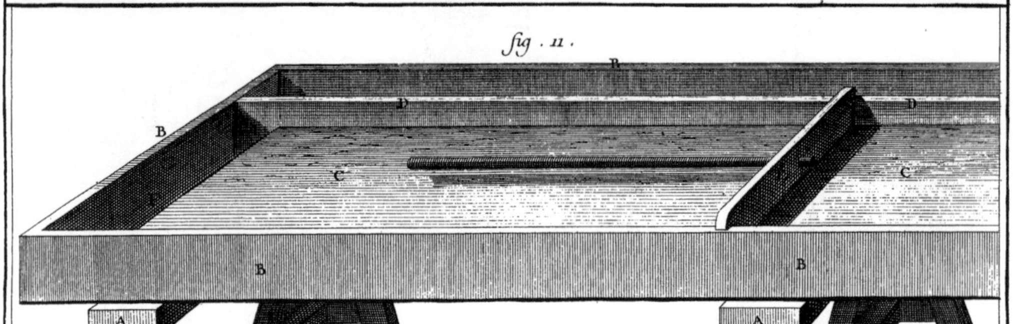
fig. 11.
B
D
P
D
C
C
B
B
A
A
fig. 15.
fig. 12.
B
C
B
fig. 13.
B
A
fig. 14.
C
A
B
B

Beckenschläger, Handwerker, der Waren von Messingblech (Beckenschläger-latum) verfertigt; hier u. da bilden sie eine von den Klempnern verschiedene Zunft u. arbeiten dann vorzüglich in starkem Messingblech u. Tomback.　❒

Seite 72 oben:
- 1. Formen von Bleiplatten.
- 2. Löten.
- 3. Wiegen der Rohre.
- 4. Waage.
- 5. Wanne zum Erhitzen von Blei und Werkzeuge.
- 6. Wagen.
- 7. Bleibarren.
- 8. Bleireste.

Seite 72 unten:
- 11. Tisch zum Gießen von Bleiplatten. Böcke (A), Gussform (B), flüssiges Blei (C), verschiebbare Seitenwand (D), Rakel (E), Abfluss für überflüssiges Blei (F).
- 12. Rakel zum Abziehen von überflüssigem Blei.
- 13. Glättblech.
- 14. Gießpfanne.
- 15. Klammer.

Der Beckschlager.

Ein Beckschlager bin ich genannt/
Mein Beckn führt man in weite Land/
Allerley art / groß vnd auch klein/
Von gutem Messing gschlagen rein/
Gestempfft mit bildwerck/gwechß vñ blů/
Einstheils jr Spigel glatt auff kum/
Wie groß Herrn vnd Balbierer han/
Auch gring / für den gemeinen Mann.

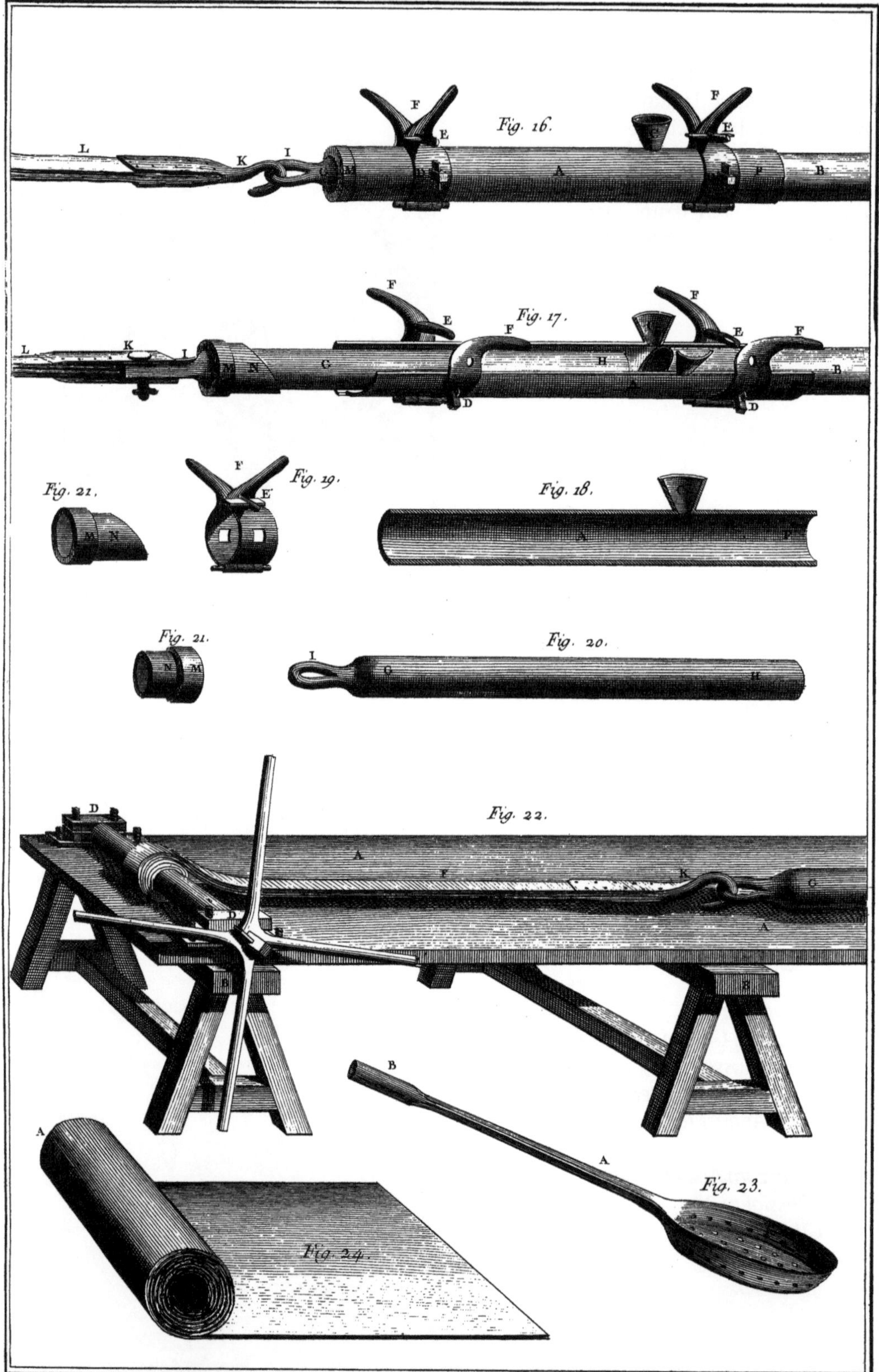
Fig. 16.
Fig. 17.
Fig. 19.
Fig. 18.
Fig. 21.
Fig. 21.
Fig. 20.
Fig. 22.
Fig. 23.
Fig. 24.

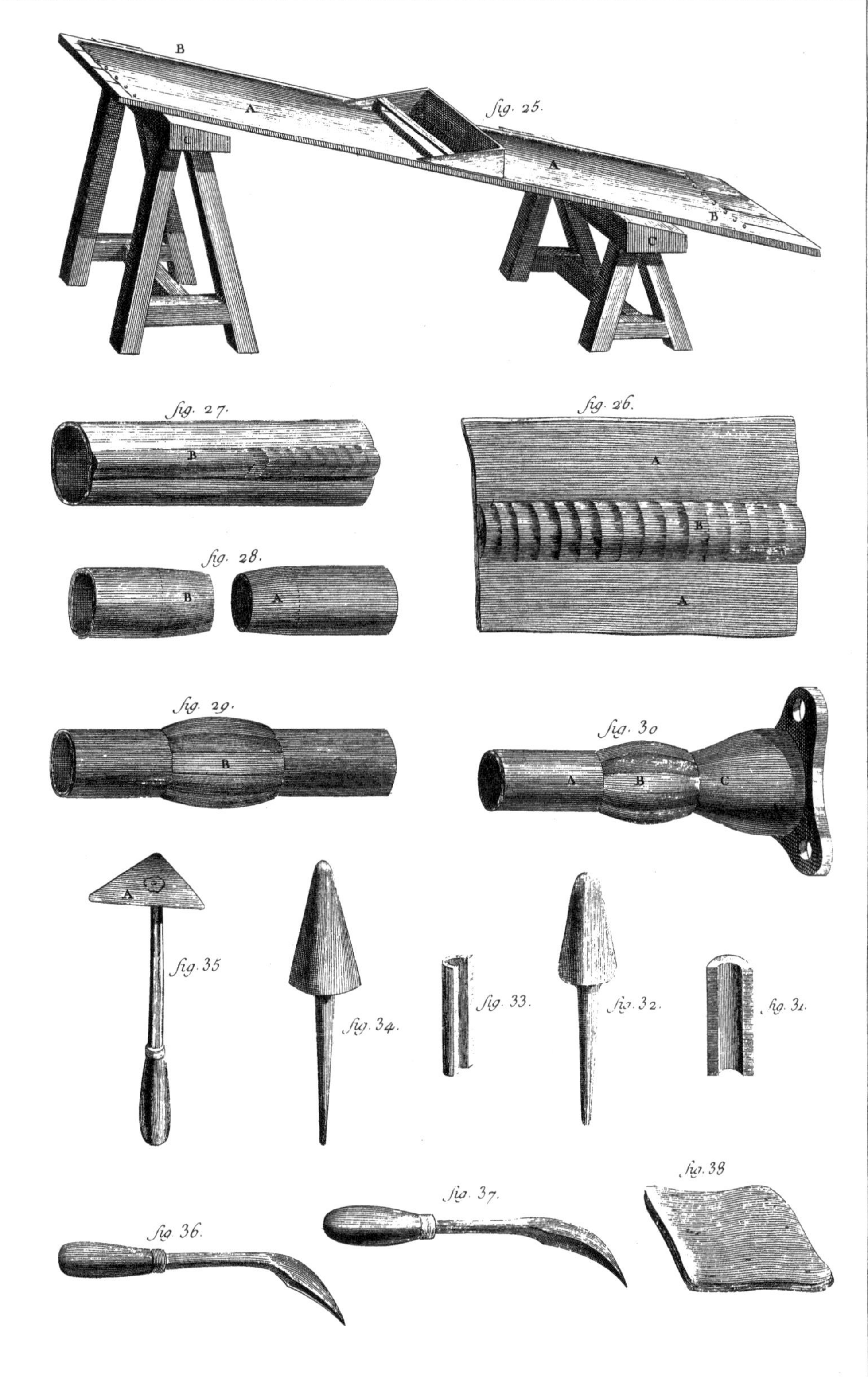
B
A
fig. 25.
A
B
C
fig. 27.
B
fig. 26.
A
B
A
fig. 28.
B
A
fig. 29.
B
fig. 30
A
B
C
fig. 35
A
fig. 34
fig. 33
fig. 32
fig. 31
fig. 37
fig. 38
fig. 36

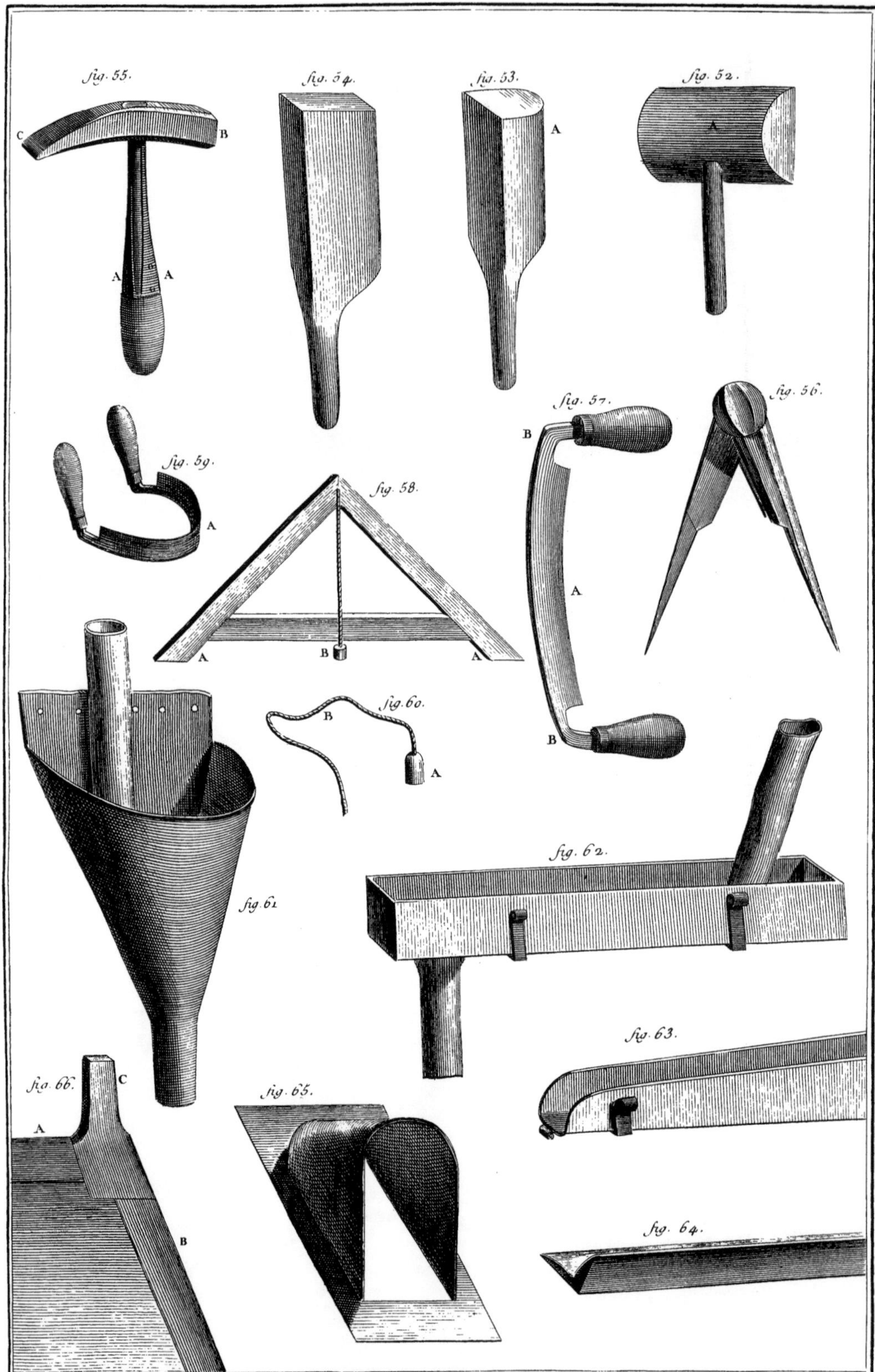

fig. 55.
fig. 54.
fig. 53.
fig. 52.
fig. 57.
fig. 56.
fig. 59.
fig. 58.
fig. 60.
fig. 61.
fig. 62.
fig. 63.
fig. 66.
fig. 65.
fig. 64.
A A
B
C
A
A
A
B
A
B
A
B
B
A
C
B

Laternenmacher, ein Name, welchen an einigen Orten die Klemperer führen, weil sie vornehmlich die blechernen Laternen mit hörnernen oder gläsernen Wänden verfertigen. ❐

Seite 74:
- 16. – 21. Form zum Gießen von Bleirohren mit allem Zubehör.
- 22. Tisch zum Gießen von Bleirohren.
- 23. Pfanne.
- 24. Führungsrolle im Tisch.

Seite 75:
- 25. Tisch zum Gießen von Blei auf Leinwand.
- 26. Gelötete Bleiplatten.
- 27. Gelötetes Bleirohr.
- 28. Rohrenden verdünnt und zum Löten bereit.
- 29. Die gleichen gelöteten Enden.
- 30. Lötverbindung, die ein Rohrstück mit einer Kupferkappe verbindet.
- 31. & 33. Holzgriffe für Lötkolben.
- 32. & 34. Lötkolben.
- 35. – 37. Schaber.
- 38. Lötkolbenhalter.

Seite 76:
- 52. – 54. Schlaghölzer.
- 55. Klempnerhammer.
- 56. Zirkel.
- 57. Schaber.
- 58. Lot.
- 59. Schaber.
- 60. Bleigewicht.
- 61. – 64. Dachrinnen.
- 63. Dachrinne.
- 65. Oberlicht.
- 66. Dachteil.

Der Laternmacher.

Ich mach die groß künstlich Latern/
In Kirchen leuchtend klar Lucern/
Mach auch die blind Latern / gestaucht/
Die man in dem Felt Läger braucht/
Schön Liechtkolben ich auch bereit/
Bey Nacht / zu Gastung vnd Hochzeit/
Darzu Latern groß vnde klein/
So man zu Nacht braucht / in Gemein.

Kupferschmied

Kupferschmiede, zünftige Handwerker, welche 3 – 5 Jahre lernen, als Geselle 3 – 4 Jahre wandern, als Meisterstück eine Ofenblase u. einige dergleichen Sachen fertigen u. aus Kupferblech meist

Seite 80 oben:
Werkstatt eines Kupferschmieds.

Seite 80 unten:
- 1. – 5. Ambosse.
- 6. Kupferplatte für eine Pfanne.
- 7. Fertige Pfanne.
- 8. Kopf- und Kugelhammer.
- 9. – 10. Schaber.
- 11. Boden eines Kessels.
- 12. Kesselkörper.
- 13. Gestell.
- 14. Deckel
- 15. Platte.
- 16. Löffel.
- 16. Skimmer.
- 17. Ambosshörner mit Kugel.

Seite 81:
- 1. Kupferstück für eine Fischpfanne.
- 2. Die fertige Fischpfanne. Der Griff (A).
- 3. Topfrohling.
- 4. Fertiger Topf.
- 5. – 11. Kleiner Wasserspender mit Einzelteilen.
- 12. – 13. Deckel.
- 14. Kessel.
- 15. Niet.
- 16. Drehbank für Töpfe.
- 17. Nietstempel.
- 18. – 24. Arbeitsspindeln.
- 25. Aufbau eines Kessels.
- 26. Kessel.
- 27. – 28. Kesselklemmen.
- 29. Badewanne.
- 30. Formteile, die rund um die Badewanne angebracht werden.

Der Kupfferschmidt.

Ich mach auff hohe Thürn die Knöpff/
Eymer damit man Brünnen schöpfft/
Badkeßll/ Trög vnd die Badwannen/
Feuwr Kuffen / Breuwkeßl Pfannen/
Klein vnd groß Kessel zu dem waschen/
Hellhäffn/ Külkeßl/ vnd Weinflaschen/
Fleischscheffel / Spülnepff / wasser Stütz/
Brennhüt zum Wasser brennen nütz.

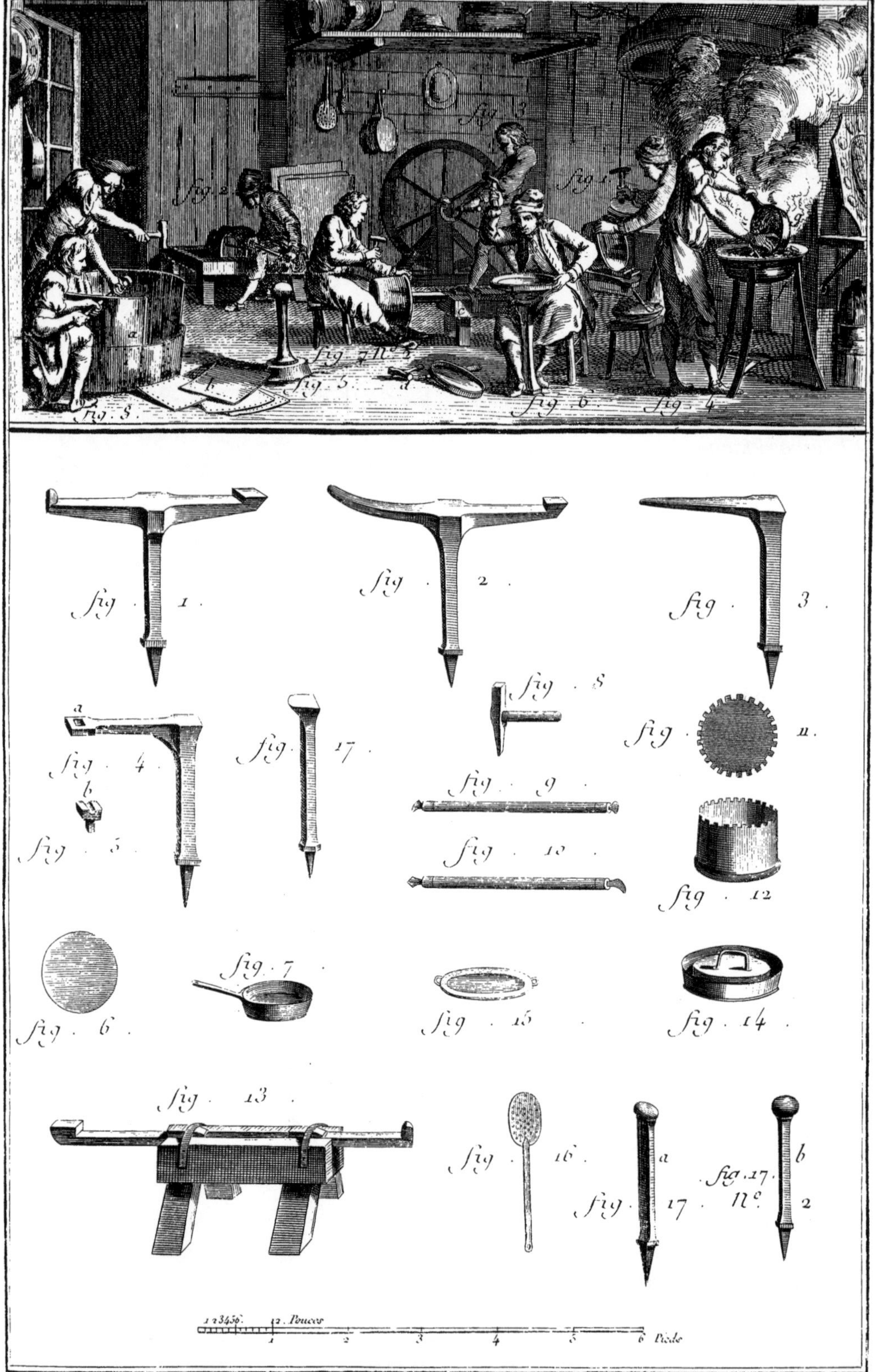

fig. 3
fig. 2
fig. 1
fig. 8
fig. 7 n. 3
fig. 5
fig. 6
fig. 4
fig. 1
fig. 2
fig. 3
fig. 8
fig. 4
fig. 17
fig. 9
fig. 11
fig. 5
fig. 10
fig. 12
fig. 6
fig. 7
fig. 15
fig. 14
fig. 13
fig. 16
fig. 17 a
fig. 17 N°. 2 b
fig. 17
1 2 3 4 5 6   12 Pouces
1   2   3   4   5   6 Pieds

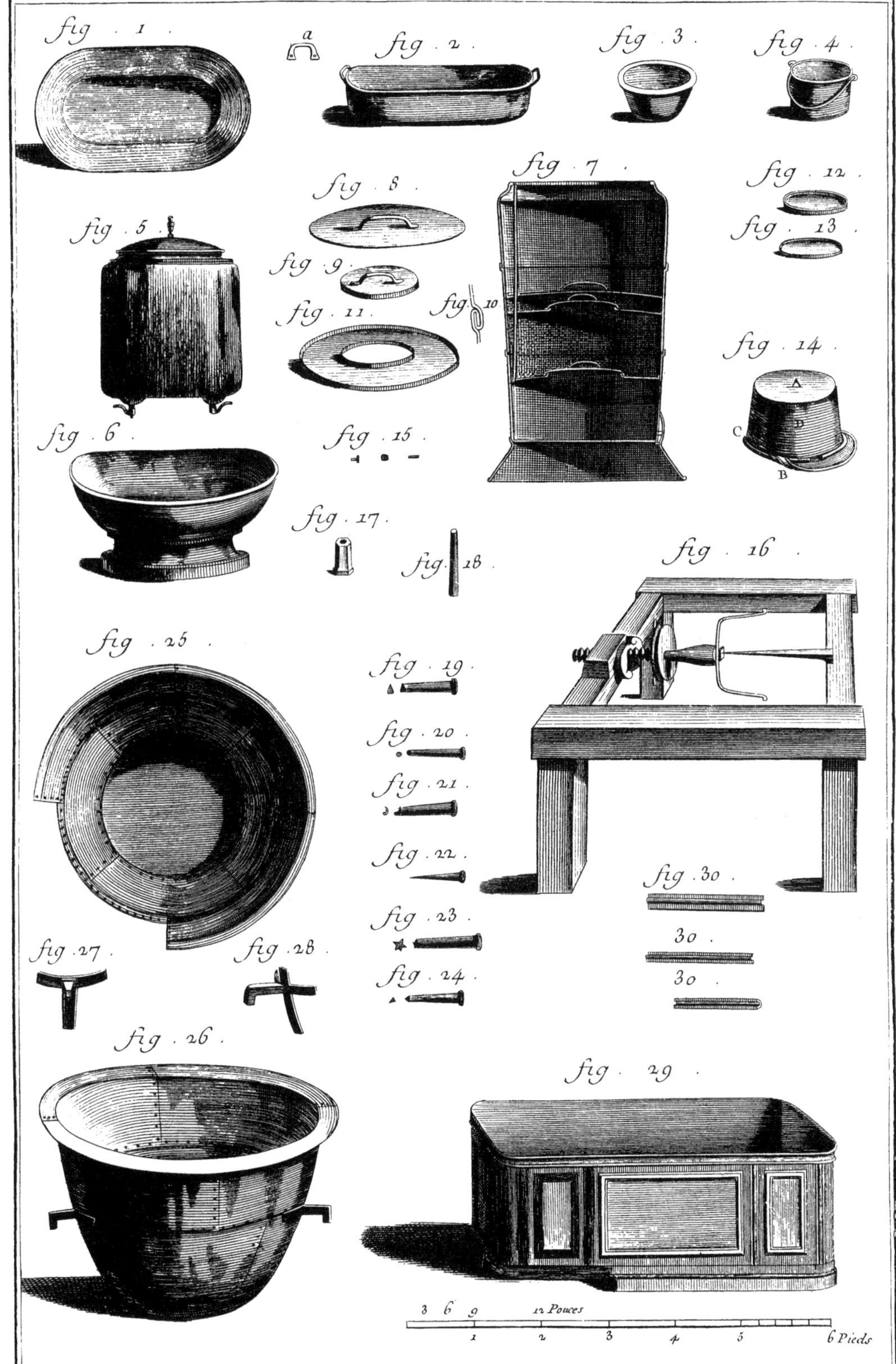

fig . 1 .
a
fig . 2 .
fig . 3 .
fig . 4 .
fig . 5 .
fig . 8 .
fig . 7 .
fig . 12 .
fig . 13 .
fig . 9 .
fig . 10 .
fig . 11 .
fig . 14 .
A
C
D
B
fig . 6 .
fig . 15 .
fig . 17 .
fig . 16 .
fig . 18 .
fig . 25 .
fig . 19 .
fig . 20 .
fig . 21 .
fig . 22 .
fig . 30 .
30 .
fig . 23 .
30 .
fig . 27 .
fig . 28 .
fig . 24 .
30 .
fig . 26 .
fig . 29 .
3 6 9   12 Pouces
1   2   3   4   5   6 Pieds

durch Kalthämmern u. Biegen allerlei Geräte fertigen, als Pfannen, Kessel, Blasen, Badewannen, Dampfgeräte, Becken, Töpfe, Teller, Trichter, Dachplatten, Rinnen etc.

Sie brauchen in ihrer Werkstätte eine Esse mit Blasebalg zum Glühen des Kupfers, verschiedene Ambosse mit od. ohne Hörner, darunter den oben kugelförmigen Stockamboss, auf welchem die Kesselböden ausgehämmert werden, eiserne u. hölzerne Hämmer (letztere bes. zum Ausbeulen, d. h. zum Austreiben od. Glattschlagen eingeknillter Vertiefungen etc.), Zangen, Feilen, Bohrer, u. kommen in ihren Arbeiten ziemlich mit dem Klempner überein. Kleinere Kessel schlagen die K. aus den Schalen, welche sie aus den Kesselschmieden od. Kupferhämmern geliefert bekommen; andere Arbeiten werden durch Falze, Nieten od. Lot verbunden; Schlaglot besteht aus Zink u. Messing u. wird bei Waren gebraucht, die nachher gehämmert werden; Weichlot besteht aus Blei u. Zinn. Auch müssen sie es verstehen, die Kochgeschirre zu verzinnen. Glanz erteilen sie den Gegenständen durch Beizen mit verdünnter Schwefelsäure od. Polieren. Zum Polieren brauchen sie den Polierhammer, den Polierstahl u. Tripel

mit Baumöl; feinere Politur wird durch Drehstähle auf dem Drehrad, Bimsstein u. Kohlenpulver erhalten. Das Bronzieren besteht in dem Erzeugen einer Kupferoxydulschicht auf der Oberfläche; man schabt die Gefäße blank, poliert sie, trägt einen Brei aus Colcothar u. Wasser auf, lässt sie trocknen, erhitzt sie bis zum Rotglühen u. wischt sie wieder rein ab. Wo Kupferhämmer sind, machen sie mit den Hammerschmieden eine Zunft aus u. heißen, im Gegensatz derselben, Werkstätten. ❐

Pierer's Universal-Lexikon • 1857

Kesseler (Keßler), *1)* so v. w. Kupferschmied; *2)* ehedem besondere Handwerker, die neue Kessel verfertigten u. zum Verkauf herumtrugen u. bei diesem Herumziehen die alten Kessel ausbesserten (Kesselflicker); ursprünglich verfertigten sie außer den Kesseln alle dem Soldaten nötigen metallenen Geräte, z. B. Helme, Pickelhauben, Brustharnische etc., u. waren im Geleit der Kriegsheere. Über die im Fränkischen u. den Rheinlanden wohnenden K. hatte der Pfalzgraf am Rhein einen besonderen Schutz, den Kesselerschutz, als Reichslehn. Sie waren schon 1386 in Nürnberg zünftig. ❐

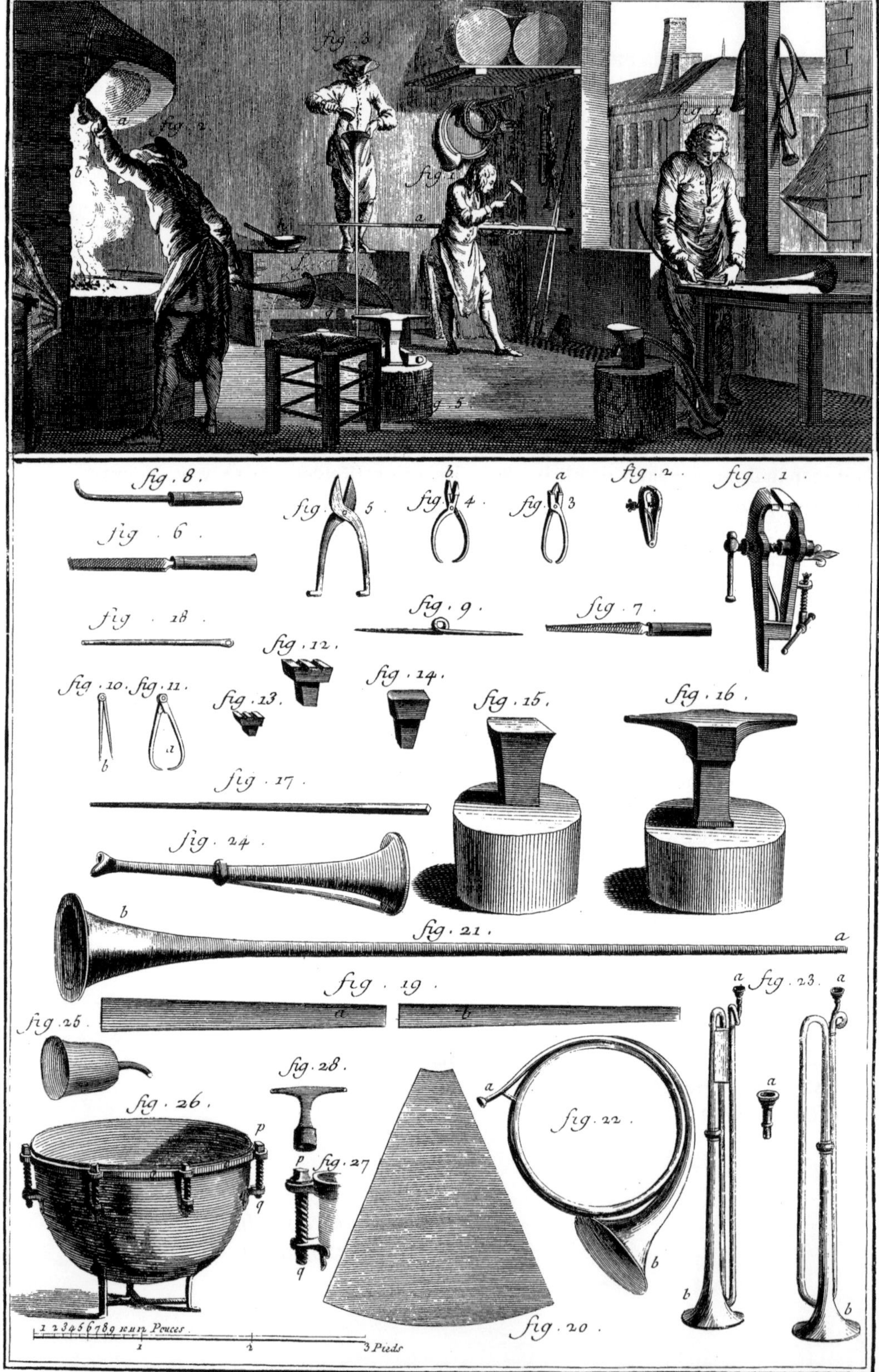
fig. 3.
fig. 2.
fig. 4.
a
fig. 5.
fig. 8.
b
fig. 4.
a
fig. 3.
fig. 2.
fig. 1.
fig. 6.
fig. 18.
fig. 9.
fig. 7.
fig. 12.
fig. 10. fig. 11.
fig. 13.
fig. 14.
fig. 15.
fig. 16.
b
a
fig. 17.
fig. 24.
b
fig. 21.
a
fig. 19.
a
b
a
fig. 23.
a
fig. 25.
fig. 28.
fig. 26.
p
p
fig. 27.
q
q
a
fig. 22.
b
fig. 20.
b
b
1 2 3 4 5 6 7 8 9 10 11 Pouces
1
2
3 Pieds

Rotschmied, *1)* Handwerker, welche aus Kupfer Messing u. ähnliche Metallmischungen gießen, bearbeiten u. drehen; von ihnen sind eine besondere Klasse die Rotschmieddrechsler, welche nur das Abdrehen der runden Waren, z. B. messingene Leuchter, Mörser u. dgl. besorgen. Sie arbeiten meist in Fabriken, wo ihre Drehbänke von einem gemeinschaftlichen Wasserrad (daher Rotschmiedmühle) in Bewegung gesetzt werden; *2)* so v. w. Kupferschmied. ❐

Seite 84 oben:
Hersteller von Musikinstrumenten.

Seite 84 unten:
1. Schraubstock.
2. Schrauben- und Handzange.
3. – 4. Zangen.
5. Scheren.
6. – 7. Feilen.
8. – 9. Hakenpolierer.
10. – 11. Messleeren.
12. – 14. Ambosshörner.
15. – 16. Ambosse.
17. – 18. Spannfutter.
19. – 20. Teile eines Jagdhorns.
21. Jagdhorn vor dem Biegen.
22. Fertiges Jagdhorn.
23. Trompete.
24. Schalltrichter.
25. Akustisches Horn.
26. Kesselpauke.
27. – 28. Schraube und Schlüssel.

Der Rotschmidt.

Glockengießer

Gelbgießer, zünftige Handwerker, lernen 5–7 Jahre, wandern 3 Jahre, erhalten kein Geschenk u. machen als Meisterstück einen Kronleuchter u. Beschläge zu Pferdegeschirren; sie gießen kleine Waren, als Leuchter, Lichtputzen, Schnallen aus Messing in der Gießflasche, drechseln dieselben nach Erfordernis ab u. polieren sie. In ihren Befugnissen sind sie von den Gürtlern u. Rotgießern nicht genau geschieden; doch von Letzteren bes. dadurch, dass sie kleine Sachen verfertigen, mehr in Messing arbeiten u. meist in Sand, selten in Lehm gießen. Ihren Waren geben sie durch Abbrennen mit Scheidewasser eine hochgelbe Farbe; manche werden vergoldet, versilbert, lackiert etc. ❏

Rotgießer, von den Gelbgießern getrennte Handwerker; sie sollen nur solche Waren liefern, welche einigermaßen hohl u. nicht zusammengelötet, sondern zusammengeschraubt sind, meistens sind sie Glocken- od. Stückgießer. ❏

Der **Glockengießer**, welcher zu den Rotgießern gehört, sich aber ausschließlich mit Verfertigung von Glocken beschäftigt, bisweilen auch zugleich Stückgießer ist, verfährt auf ähnliche Weise wie der Bildgießer, doch einfacher.

Die Glockenform verfertigt er in der Dammgrube vor dem Gießofen. Der Kern, der so groß ist, wie der innere Raum der Glocke wird von Stein aufgemauert u. mit Lehm überstrichen. Auf dem Kern wird die Dickte gelegt, welche die Größe u. Gestalt der Glocke hat; soll die Glocke Schrift od. Verzierungen bekommen, so werden diese von Wachs gebildet u. auf der Dickte befestigt. Über

Der Glockengiesser.

Ich kan mancherley Glocken gießn/
Auch Büchsen/darauß man thut schießn/
Auch Mörser/damit man würfft Feuwr
Zu den Feinden / gar vngeheuwr/
Auch Ehrn Häfen auff dreyen beyn/
Auch Ehrin öfen / groß vnd klein/
Auß Glocken Ertz/künstlich gegoßn/
Lydus hat diese Kunst außgoßn.

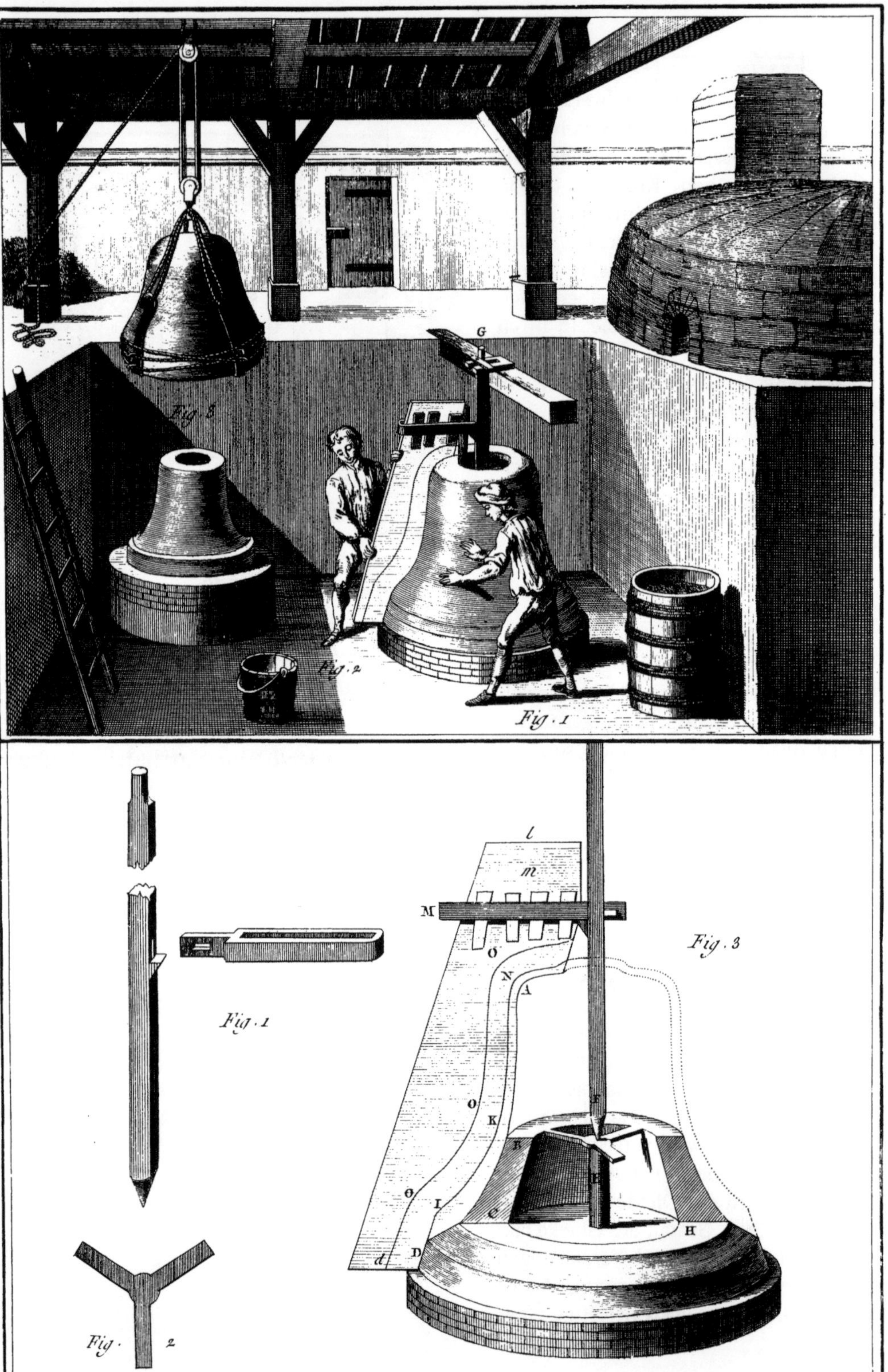

Fig. 3

Fig. 2

Fig. 1

l

m

M

O

N

A

O

K

B

F

θ

I

c

E

d

D

H

Fig. 1

Fig. 2

Fig. 3

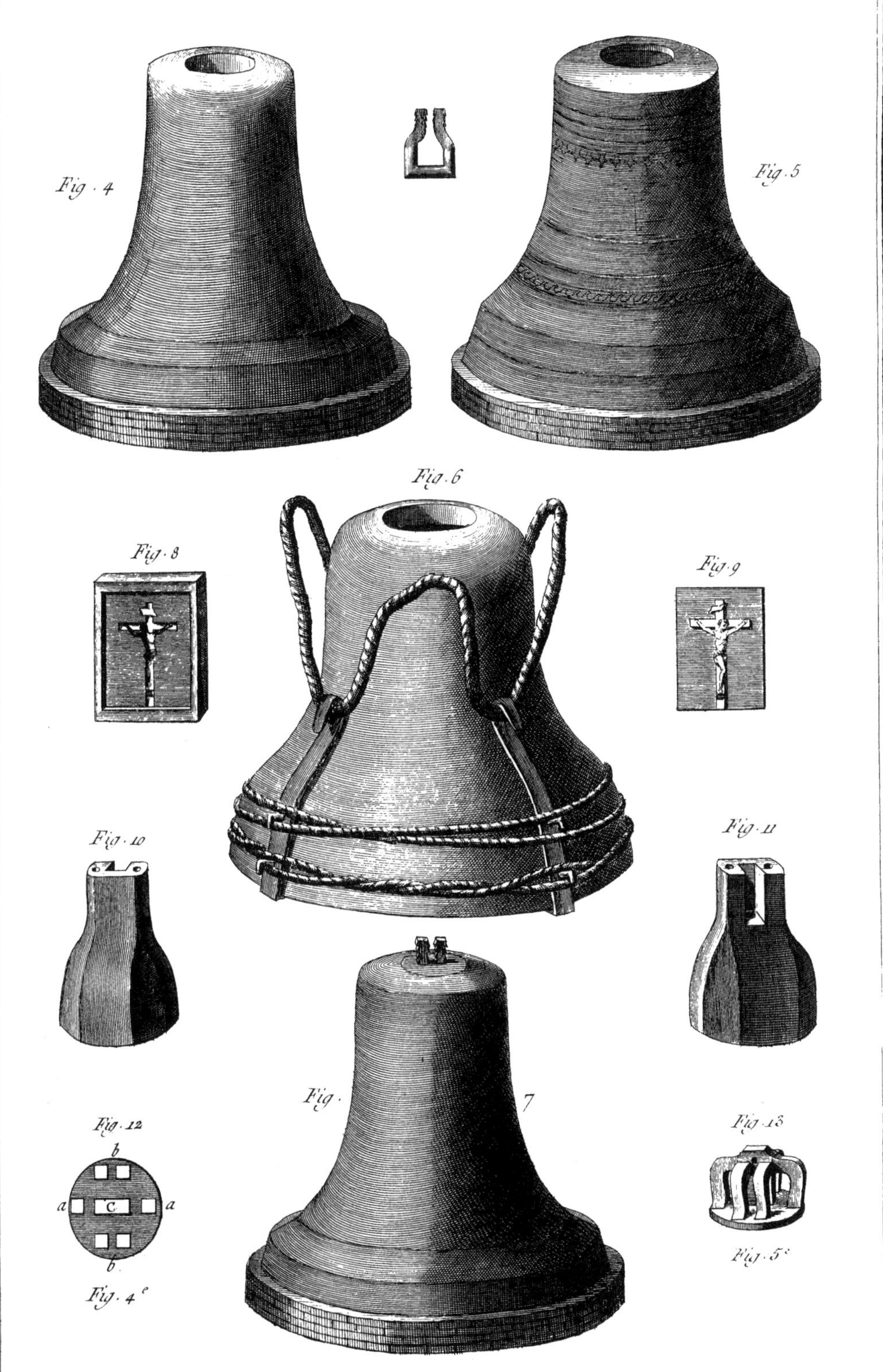

Fig. 4
Fig. 5
Fig. 6
Fig. 8
Fig. 9
Fig. 10
Fig. 11
Fig. 12
b
a
c
a
b
Fig. 4ᵉ
Fig. 7
Fig. 13
Fig. 5ᵉ

die Dickte kommt der Mantel (Hemd), ebenfalls von Lehm u. durch eiserne Bänder zusammengehalten, oben mit einem trichterförmigen Gießloch versehen. Um Kern u. Dickte ganz rund zu machen, ist in der Mitte der Dammgrube auf einem hölzernen Pfahl eine drehbare Spindel mit Armen od. Scheren angebracht, in welche die Glockenschablone geschraubt wird. Die Schablone muss nach Erfahrung u. Berechnung aus einem Brett geschnitten werden; beim Herumdrehen wird mit derselben die Form glatt gestrichen. Die fertige Glockenform wird mit darunter angebrachtem Feuer ausgetrocknet, dann der Mantel abgehoben, die Dickte abgeschlagen u. der Mantel wieder über den Kern gesetzt u. gehörig verstrichen. Das Schmelzen des Metalls in dem Gießofen dauert nach Verhältnis der Masse, denn es werden immer mehrere Glocken auf einmal gegossen, ein od. mehrere Tage ununterbrochen fort.

Ist die Mischung gut, so wird der Ofen abgestochen u. das Metall in die nächste, wenn diese gefüllt ist, in die folgende Form gelassen. Die gegossene Glocke erkaltet in 24 Stunden, wird ausgegraben, der Mantel zerschlagen u. die Glocke aus der Dammgrube in die Höhe gewunden. ❐

Seite 88 oben:
Glockengießer-Werkstatt. In einer Grube werden die Glockenformen hergestellt.
* *1. Formen des Kerns aus Lehm.*
* *2. Abziehen von überflüssigem Lehm mittels einer hölzernen Schablone.*
* *3. Fertiger Glockenkern.*

Seite 88 unten:
* *1.–2. Halterung für die Schablone.*
* *3. Herstellung des Glockenkerns.*

Seite 89:
* *4. Glockenkern.*
* *5. Auf dem Kern aufgebrachte Dickte (falsche Glocke).*
* *6. Mantel.*
* *7. Kern mit eingelassener Halterung für die Krone.*
* *8. Gussform für Ornamente.*
* *9. Ornament aus Wachs.*
* *10.–11. Form für die Krone mit Einfüllöffnung für die flüssige Bronze.*
* *11. Derselbe Hut von der Seite des Metalleingangs aus gesehen.*
* *12.–13. Krone.*

Seite 91:
* *1. Schmelzofen und Gusskanal zur Glockengrube.*
* *2. Vorderansicht des Ofens.*
* *3. Rückseite des Ofens.*

Seite 92:
Ansichten des Schmelzofens.

Seite 93 oben:
Glockengießer beim Anstechen des Ofens.

Seite 93 unten:
Verschiedene Werkzeuge, die beim Gießen verwendet werden.

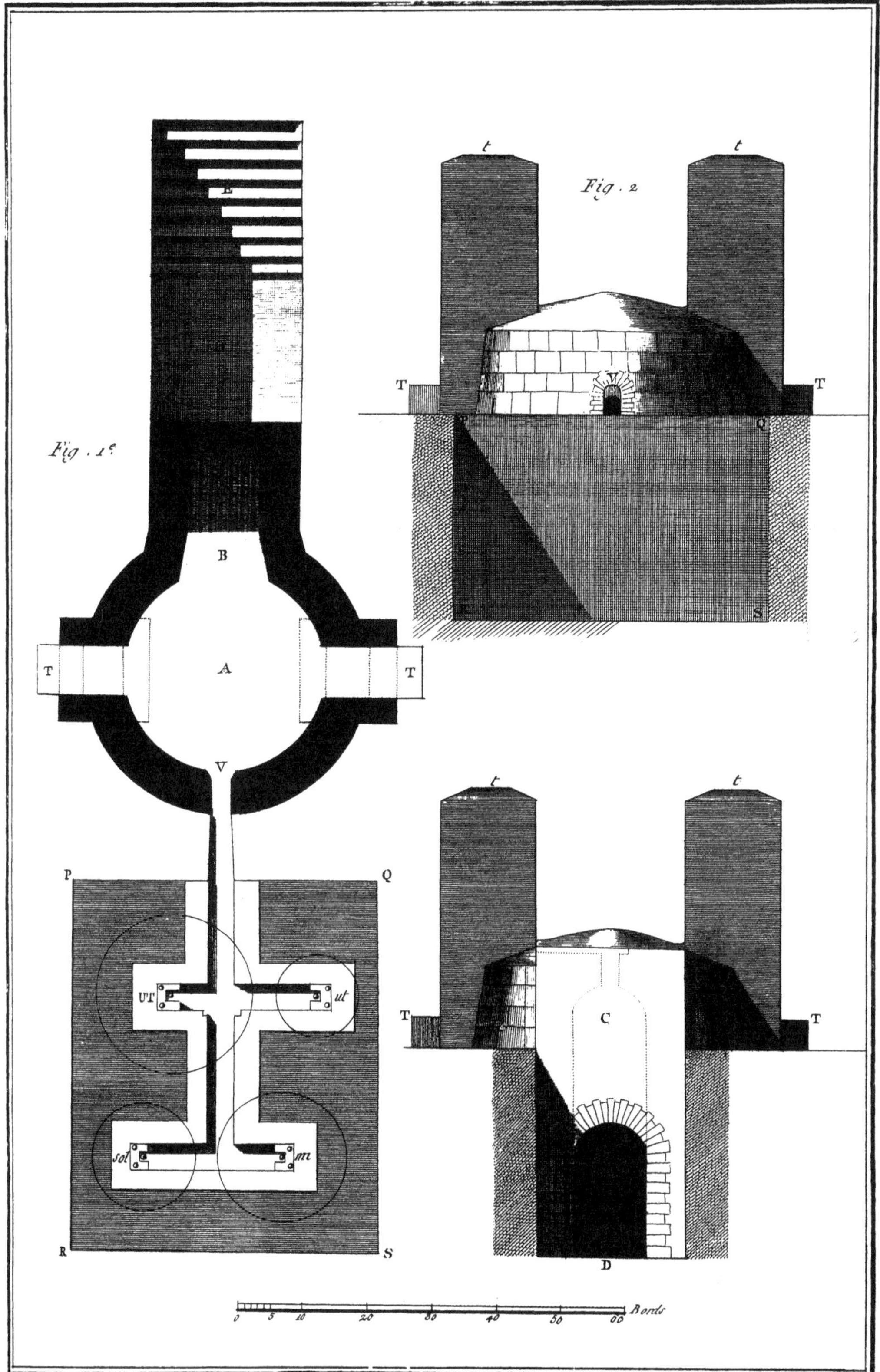

Fig. 1.
Fig. 2.
E
G
B
A
T
T
V
P
Q
UT
ut
sol
m
R
S
t
t
T
T
Q
E
S
t
t
T
C
T
D
0 5 10 20 30 40 50 60 Bords

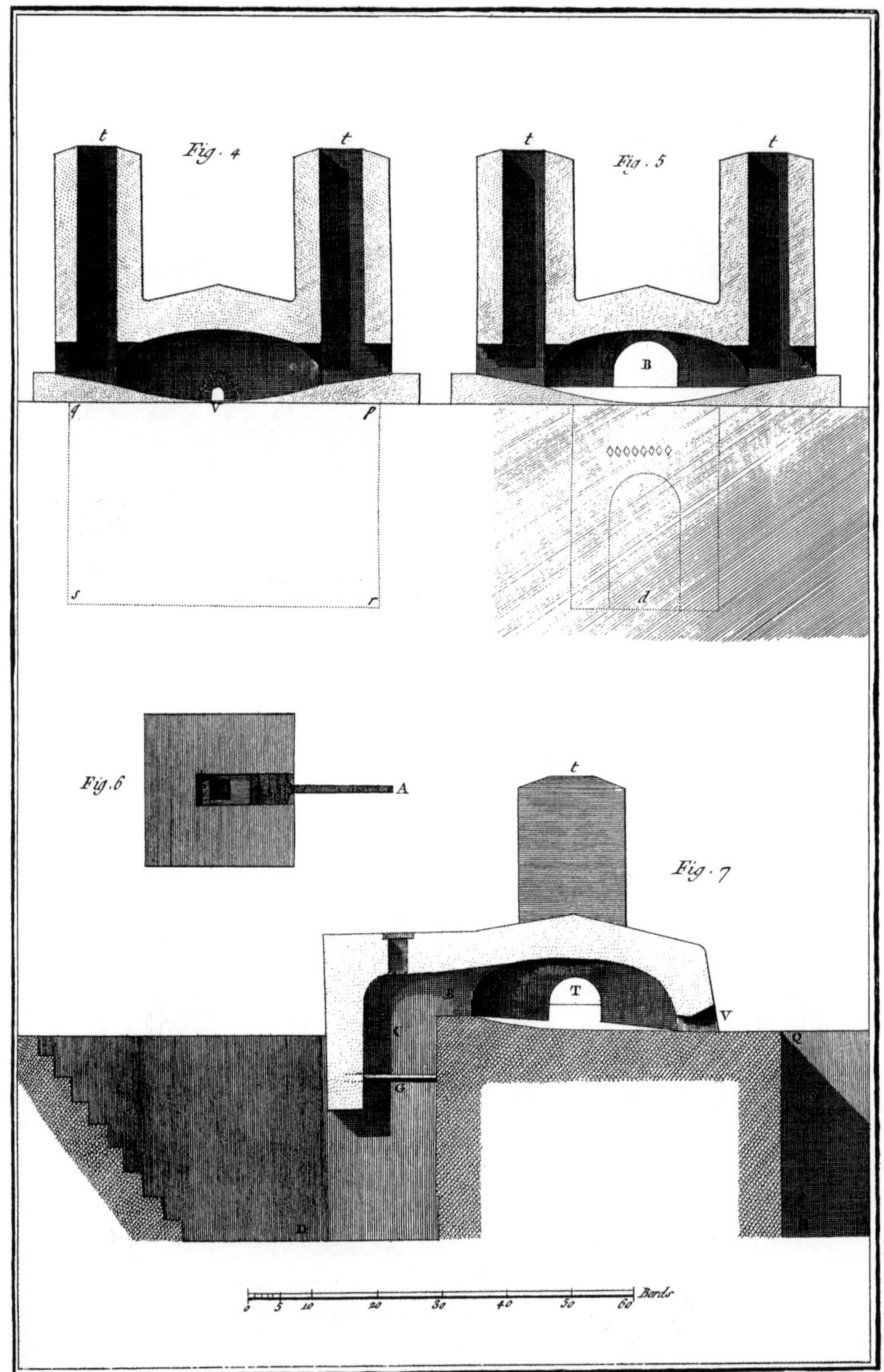
t
Fig. 4
t
t
Fig. 5
t
q
p
s
r
B
d
Fig. 6
A
t
Fig. 7
B
C
G
T
V
Q
D
0 5 10 20 30 40 50 60 Bords

Fig. 1
Fig. 2
Fig. 4
Fig. 3
UT
sol
ut
mi

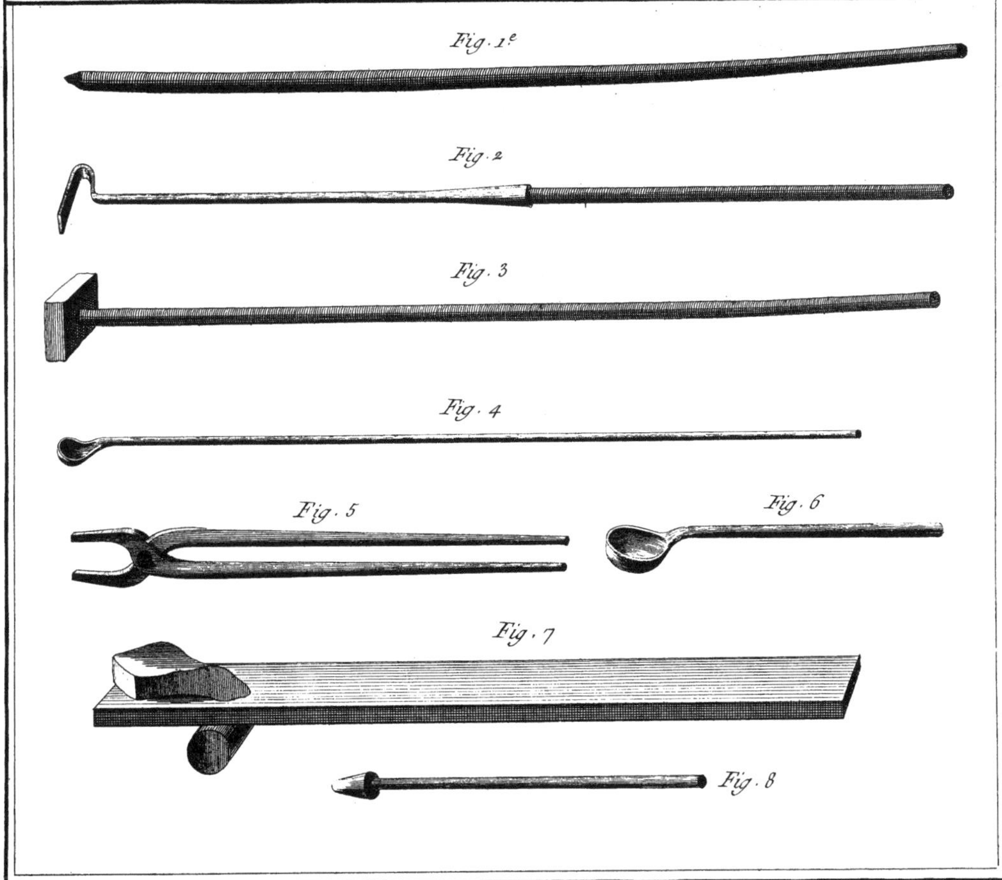

Fig. 1.ᵉ
Fig. 2
Fig. 3
Fig. 4
Fig. 5
Fig. 6
Fig. 7
Fig. 8

Zinngießer

Zinngießer, Handwerker, welche allerlei Geräte, wie Schüsseln, Teller, Lampen, Leuchter, Kannen, Näpfe, Dosen, Becken, Löffel etc. aus Zinn, teils durch Guss, teils auf der Drehbank verfertigen; sie müssen auch einige Fertigkeit im Gravieren besitzen u. sich ihre Gießformen machen. Die zünftigen Z. bilden ein geschenktes Handwerk; die Lehrburschen lernen 7 – 8 Jahre, wenn sie kein Lehrgeld geben, sonst nur vier. Der Meistersohn wandert drei, der gewöhnliche Geselle vier Jahre. Als Meisterstück macht er die hölzerne Patrone zum Guss der messingenen Form zu einer Terrine od. einer Schüssel, welche er beim Gelbgießer gießen lassen kann, aber eine darin gegossene Schüssel u. Terrine vorzeigen muss; ferner muss er eine sechseckige Flasche aus Zinnblech zusammensetzen u. löten. ❐

Seite 96 oben:
Zinngießer-Werkstatt.

Seite 96 unten:
* *1. Weinkrug.*
* *2. Fuß des Kruges, bereit zum Löten.*
* *3. Oberteil des Kruges.*
* *4. Boden des Kruges.*
* *5. Griff.*
* *6. – 8. Einzelteile des Deckels.*
* *9. – 15. Einzelteile der Gussform*
  für den Fuß.

Seite 97:
Verschiedene Gießformen

Der Kandelgiesser.

Das Zin mach ich im Feuwer fließn/
Thu darnach in die Mödel gießn/
Kandel/Flaschen/groß vnd auch klein/
Darauß zu trincken Bier vnd Wein/
Schüssel/Blatten/Täller/der maß/
Schenck Kandel/Saltzfaß vnd Gießfaß/
Ohlbüchßn/Leuchter vnd Schüsselring/
Vnd sonst ins Hauß fast nütze ding.

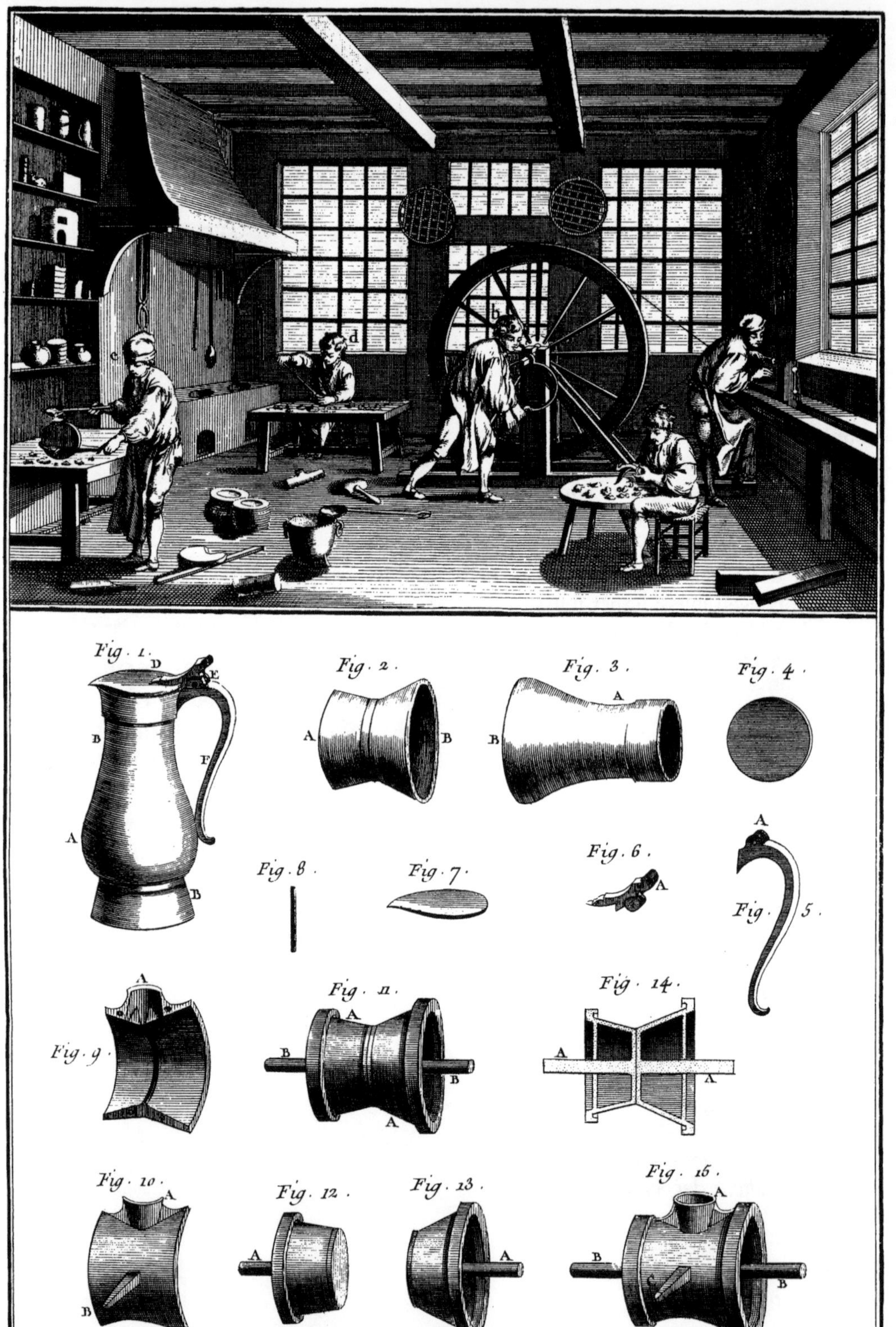
Fig. 1.
D
E
B
F
A
B
Fig. 2.
A
B
Fig. 3.
A
B
Fig. 4.
Fig. 8.
Fig. 7.
Fig. 6.
A
A
Fig. 5.
Fig. 9.
A
Fig. 11.
A
B
B
A
Fig. 14.
A
A
A
Fig. 10.
A
B
Fig. 12.
A
Fig. 13.
A
Fig. 15.
A
B
B

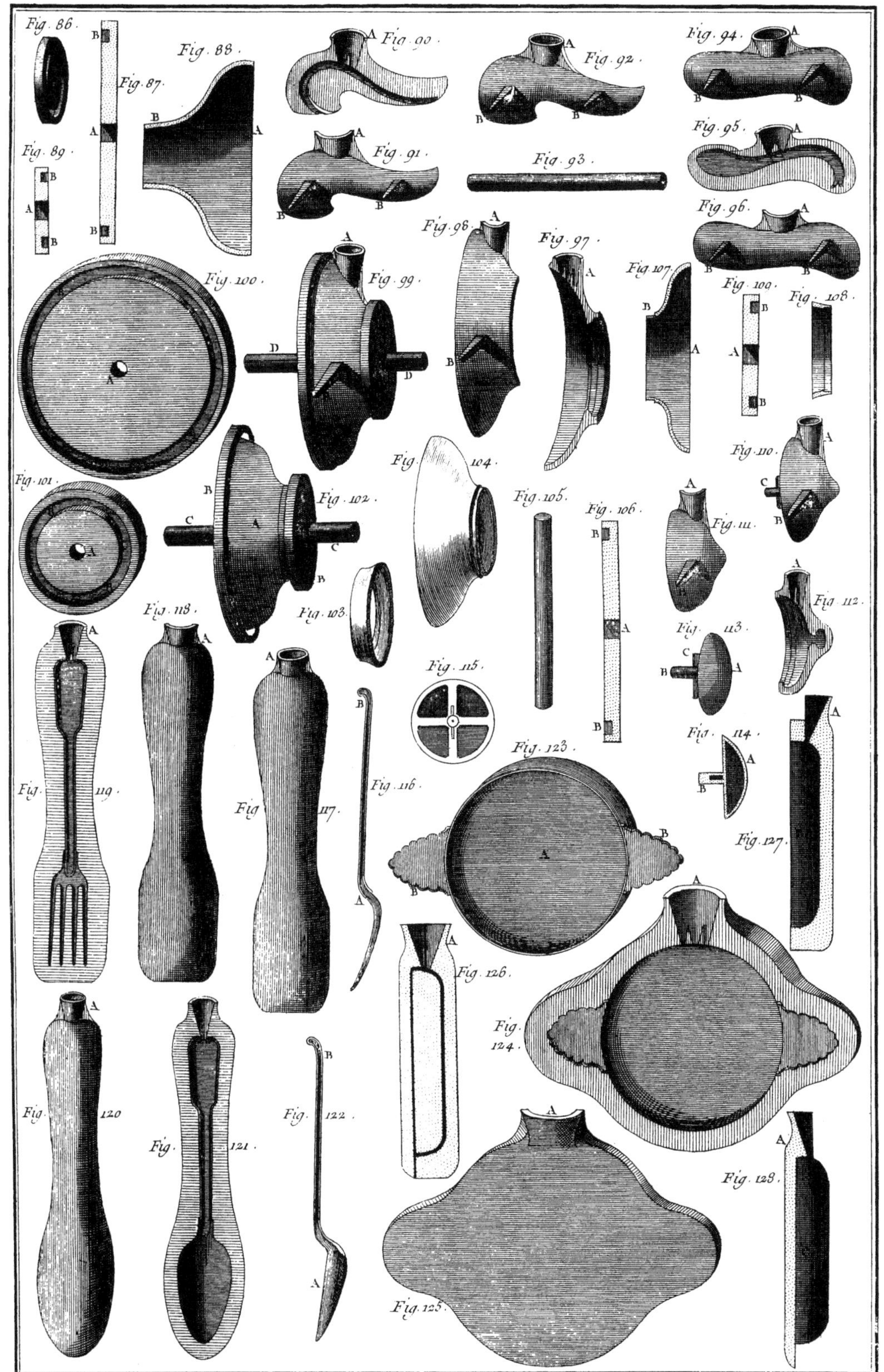

Fig. 86.
Fig. 87.
Fig. 88.
Fig. 89.
Fig. 90.
Fig. 91.
Fig. 92.
Fig. 93.
Fig. 94.
Fig. 95.
Fig. 96.
Fig. 97.
Fig. 98.
Fig. 99.
Fig. 100.
Fig. 101.
Fig. 102.
Fig. 103.
Fig. 104.
Fig. 105.
Fig. 106.
Fig. 107.
Fig. 108.
Fig. 109.
Fig. 110.
Fig. 111.
Fig. 112.
Fig. 113.
Fig. 114.
Fig. 115.
Fig. 116.
Fig. 117.
Fig. 118.
Fig. 119.
Fig. 120.
Fig. 121.
Fig. 122.
Fig. 123.
Fig. 124.
Fig. 125.
Fig. 126.
Fig. 127.
Fig. 128.

Draht, Faden von Metall, nach dessen Verschiedenheit man Gold-, Platin-, Silber-, Messing-, Kupfer-, Eisen-D. hat. Die Personen, welche D. verfertigen, heißen **Drahtzieher**; sie teilen sich hauptsächlich in Gold- u. Silber- u. gewöhnliche Drahtzieher. Erstere sind zünftig, Letztere meist Hüttenarbeiter, u. teilen sich wieder in Grob-, welche an der größeren Ziehbank arbeiten, u. Klein- (Scheiben-) Drahtzieher, welche an der kleinen Ziehbank arbeiten.

Geschmiedete, gewalzte od. gegossene Metallstäbe werden dadurch in Draht verwandelt, dass man sie nach u. nach durch die in einer Stahlplatte angebrachten Löcher von abnehmender Größe hindurchzieht. Diese Platte (Zieheisen) ist an dem einen Ende der Ziehbank befestigt. Letztere besteht in einer hölzernen Bank 6 bis 20 Fuß lang, u. ist an dem, dem Zieheisen entgegengesetzten Ende mit einem Mechanismus versehen, vermittelst dessen eine Zange, nachdem dieselbe das zugespitzte u. durch das größte Loch gesteckte Ende des Metallstabes gefasst hat, zurückgezogen wird. Um zu bewirken, dass das Maul der Zange um so fester in den Metallstab eingreift, je größere Kraftanstrengung zur Fortbewegung nötig ist, ist das Seil, welches die Zange, indem es sich aufwindet, nachzieht, an einem ovalen Ringe befestigt. Dieser presst, je fester er angezogen wird, desto stärker die Schenkel der Zange, welche mit aufstehenden ringförmigen Ausbiegungen versehen sind, zusammen. Wenn der D. länger u. nachdem die Metallmasse eine faserige Struktur angenommen hat, biegsamer geworden ist, so wird er, sobald er aus der Zange kommt, auf die Drahtwinde gewunden.

Ist der D., dessen Verlängerung zur Verringerung seines Durchmessers im quadratischen Verhältnis steht, bis auf 4–3 Linien im Durchmesser reduziert, so kommt er auf die kleinere Ziehbank (Abführtisch). In der Mitte derselben befindet sich gleichfalls ein Zieheisen u. hinter demselben der Hut, ein rundes, bewegliches Holz, auf welches der D. aufgewickelt wird; vor dem Zieheisen ist die Stockrolle, ein hölzerner od. eiserner Zylinder, welcher mit 2 Hebeln umgedreht wird; der wieder zugespitzte D. wird erst ein Stück weit mit einer Zange durch das Zieheisen gezogen, dann in ein Loch der Stockrolle befestigt u.

durch das Umdrehen derselben ganz durchgezogen; auf diese Art muss der D. wieder durch 40 – 50 Löcher des Zieheisens laufen. Um das Reißen des Drahtes zu verhüten, muss das Metall dann u. wann ausgeglüht u., um die durch das Ausglühen entstehende Oxidkruste zu entfernen, in verdünnte Schwefelsäure gelegt werden.

Man unterscheidet trockenes u. nasses Ziehen. Bei dem ersteren Verfahren werden die Zieheisen nur mit Fett beschmiert, bei dem letzteren, welches man bes. für feinere Drähte anwendet, geht der D., bevor er das Zieheisen passiert, durch saure Bierhefe, auf deren Oberfläche Öl schwimmt, dann über einen mit Öl getränkten Lederlappen.

Die Alten schon brauchten den D. zu Waffen, Kleidern, Schmucksachen etc. Früher wurde er mit dem Hammer gestreckt, u. erst zwischen 1360 u. 1400 soll der Nürnberger Rudolph das Drahtziehen erfunden haben. Indessen bestand schon 1370 ein Drahtziehhammerwerk in Nürnberg. Später wurde das Ziehen des seinen Gold- u. Silberdrahts in Frankreich ausgebildet u. kam erst von hier in der Mitte des 16. Jahrh. nach Deutschland. ❑

Dratzieher.

Den Drat/Kupffer vnd Messing rein/
Zeuch ich auff meiner Scheiben klein/
Mach Röllen Drat/Zin jn vnd Wid/
Vnd Dratbürsten für die Goldschmidt/
Auch kommn meiner quintsaiten suſi
Herrlich auff das Claucordium/
Auß kleinem Drat man an viel orten
Macht Hutschnür vñ gedrungen Borten.

Quellen

Pierer's
UNIVERSAL-LEXIKON
der Vergangenheit und Gegenwart
oder
Neuestes enzyklopädisches Wörterbuch
der Wissenschaft, Künste und Gewerbe.
Vierte, umgearbeitete und stark vermehrte Auflage.

Altenburg, 1857 – 1865

Eigentliche Beschreibung
ALLER STÄNDE AUF ERDEN
hoher und niedriger / Geistlicher und Weltlicher
/ Aller Künsten / Handwerkern und Handel /
u. vom größten bis zum kleinsten / Auch von
ihrem Ursprung / Erfindung und Gebräuchen
Durch den weitberühmten Hans Sachs

Frankfurt am Main, 1568

40 WERKSTÄTTEN
von
Handwerkern und Künstlern
oder
Schauplatz des bürgerlichen Gewerbefleißes.

Zürich, 1851

30 WERKSTÄTTEN
von
Handwerkern
Nebst ihren
hauptsächlichsten Werkzeugen und Fabrikaten.

Esslingen, 1835

RECUEIL
de planches
sur
les sciences,
les arts liberaux
et
les arts méchaniques
avec son explication.

Paris, 1762 – 1772

Weitere Zeitreisen zur Kultur + Technik

Friedrich Gerlach
**Die elektrische Untergrundbahn
der Stadt Schöneberg**

Die 1910 eröffnete Untergrundbahn der damals noch selbstständigen Stadt Schöneberg war nicht nur die zweite U-Bahn in Deutschland, sie setzte auch neue Maßstäbe bei der Baulogistik und viele Verfahren der ›Berliner Bauweise‹ wurden hier zum ersten Mal angewendet. Dem Verfasser dieses Buches, Stadtbaurat Friedrich Gerlach (1856 – 1938), oblag die oberste Leitung für das Projekt der Schöneberger Untergrundbahn und so erfährt der Leser aus erster Hand, wie die Strecke geplant und gebaut wurde. Über 120 Zeichnungen und Fotos illustrieren dieses Zeitdokument der Berliner Verkehrsgeschichte.

• *ISBN 978-3-7519-1432-1*

Bernhard Hoppe
Mit dem Käfer in die Alpen
Reise-Tagebücher 1961 – 1963

Dank des Wirtschaftswunders war es am Anfang der 1960er Jahre für fast jedermann möglich, in den Urlaub zu fahren. Selbst ›exotische‹ Ziele wie Österreich oder Italien konnte man sich leisten. Die Kost war noch regional, aber für einen gelungenen Urlaub genauso wichtig wie heute. Dieses Buch führt in eine Zeit, in der Massentourismus noch unbekannt war und warmes Wasser noch nicht selbstverständlich. Rund 150 Fotos illustrieren dieses authentische Zeitdokument.

• *ISBN 978-3-7519-3741-2*

Weitere Zeitreisen zur Kultur + Technik

Zeitreisen mit Aufzügen und nach Berlin
Kultur + Technik von 1833 bis 1913

Die ›Zeitreisen‹ knüpfen an die Tradition der Jahrbücher wie ›Das neue Universum‹ oder ›Stein der Weisen‹ an. Eine bunte Auswahl von Originalartikeln begleitet den authentischen und oft überraschend aktuellen Ausflug in die Geschichte.

Kultur- und Technikgeschichte aus erster Hand, behutsam redigiert, in aktueller Rechtschreibung und reichhaltig illustriert.

Auszug aus dem Inhalt: Die Eröffnung des Themse-Tunnels; Die neue Pontonbrücke über den Stößensee bei Spandau; Die Grundsteinlegung der Göltzschtalbrücke; Die Uraniasäulen in Berlin; Die elektrische Eisenbahn in Budapest; Von Kiel nach Brunsbüttel; Die Dresdner Chaisenträger; Das Elektromobil Lohner-Porsche; Personenaufzüge für den Straßenverkehr; Das transatlantische Kabel im Dienste der Wissenschaft; Eine Stunde auf der Berliner Börse; Die Mineralquelle zu Selters; Fabrikation der Zündblättchen; Die Maulwurfsarbeit der Großstädte; Die Berliner Wasserwerke; Eine elektrische Müllverladestation; Beförderung von Feuerspritzen auf Schienengleisen; Elektrische Beleuchtung in Berlin; Die öffentlichen Bäder in Budapest; Ein Wiener Kaffeehaus; Das Parlament in London

• *ISBN 978-3-7543-9786-2*